U0229020

山区输电线路
边坡加固技术与工程应用

贵州电网有限责任公司输电运行检修分公司
中国电建集团贵州电力设计研究院有限公司　　组编

中国电力出版社
CHINA ELECTRIC POWER PRESS

内 容 提 要

输电线路由于常年暴露于野外，特别是山区，在自然条件和工程活动影响下，线路杆塔容易遭受地质灾害的影响。近年来，各类建设工程施工造成输电线路边坡数量增加，因复杂地形条件、极端气候等原因造成边坡稳定破坏事件时有发生。如何提高输电线路安全运行可靠性，成了国内外输电线路运维人员共同面临的一大难题。

为了加强输电线路运维人员对山区输电线路边坡的认识和管理，推广山区输电线路边坡运维技术，指导输电线路边坡运维工作的开展，本书编写人员在总结近年输电线路边坡勘察、评价、监测、治理、预警、维护工作经验的基础上编写了本书。本书共分5章，涵盖输电线路边坡勘察及监测、山区输电线路边坡稳定性分析与评价、边坡加固技术及工程应用、边坡工程施工与质量控制等内容，具有系统性、新颖性和典型性，可操作性强。

本书适用于电网企业从事输电线路运维的技术人员和管理人员，也可供相关专业的人员阅读参考。

图书在版编目（CIP）数据

山区输电线路边坡加固技术与工程应用 / 贵州电网有限责任公司输电运行检修分公司，中国电建集团贵州电力设计研究院有限公司组编 . —北京：中国电力出版社，2018.6
ISBN 978-7-5198-2043-5

Ⅰ . ①山… Ⅱ . ①贵…②中… Ⅲ . ①山区－输电线路－边坡加固－研究 Ⅳ . ① TM726

中国版本图书馆 CIP 数据核字（2018）第 112706 号

出版发行：中国电力出版社
地　　址：北京市东城区北京站西街 19 号（邮政编码 100005）
网　　址：http://www.cepp.sgcc.com.cn
责任编辑：马　青（010-63412784，610757540@qq.com）
责任校对：郝军燕
装帧设计：张俊霞
责任印制：邹树群

印　　刷：三河市百盛印装有限公司
版　　次：2018 年 6 月第一版
印　　次：2018 年 6 月北京第一次印刷
开　　本：710 毫米 ×980 毫米　16 开本
印　　张：7.5
字　　数：139 千字
印　　数：0001—2000 册
定　　价：45.00 元

本书编委会

主　　编　虢韬

副 主 编　李晓春　杨　立　唐锡彬

编写人员　赵　健　杨建华　杨　恒　王　伟　张　伟

杨　渊　胡红兵　江　坤　贺桂有　甘小迎

杨泽伟　邓杰文　董　鹏　易贤龙　何　林

魏石磊　王永刚　张俊建　张　赟　王　义

徐梁刚　李钟宁　崔　健

前 言

架空输电线路作为电能输送的载体之一，它的安全稳定运行直接关系到社会稳定、经济发展和人民的正常生活。由于输电线路常年暴露于野外，特别是山区，输电线路需跨越复杂气候区、不同地形地貌单元、区域地质构造单元、水文地质单元等，在自然条件和工程活动影响下，线路杆塔容易遭受地质灾害的影响，如何提高输电线路的安全运行可靠性，一直以来是国内外输电线路运维人员关注的难题。

近年来，随着经济社会快速发展，各类建设工程施工造成输电线路边坡数量增加，且山区地形地质条件复杂、构造地质发育多变，因短时强降雨、洪涝等极端气候造成边坡稳定破坏事件时有发生，对输电线路安全运行带来较大影响。

为了保证输电线路边坡的稳定与安全，贵州电网公司输电运行检修分公司和贵州电力设计研究院长期以来积极研究山区输电线路边坡运维技术，在山区输电线路边坡的勘察、评价、监测、治理、预警、维护等方面做了大量的技术研究和工程实践，取得了丰富的成果。在山区输电线路边坡机理研究、边坡工程治理和监测预警三个方面取得了宝贵的研究成果和实践经验。

为了加强输电线路运维人员对山区输电线路边坡的认识和管理，进一步规范输电线路边坡管理，提高输电线路运维人员对边坡的管控能力，推广山区输电线路边坡运维技术，指导输电线路边坡运维工作的开展，实现边坡事后被动抢修向事前预防治理的转变，编写人员在总结近年输电线路边坡勘察、评价、监测、治理、预警、维护工作经验的基础上，同时借鉴国家电网公司、南方电网公司输电运维岩土工程师的工作经验，组织编写了《山区输电线路边坡加固技术与工程应用》，使山区输电线路边坡运维更具系统性、新颖性和典型性，在技术推广方面更具有普及性，且可操作性更强，对于整个电网运维单位今后开展类似的输电线路边坡隐患梳理、灾害治理工作均有指导意义，对提升电网的灾害管控能力和防灾减灾能力具有重要的实际意义。

在本书编写过程中，得到了贵州电网公司生产设备部、贵州电网公司输电运行检修分公司、贵州电力设计研究院的大力指导和帮助，特别是贵州电网公司输电运行检修分公司各个运行检修所工作人员的积极配合，在此，对他们表示诚挚的感谢！

限于我们的编写水平，若有不当之处，敬请读者不吝指正。

编 者
2018 年 1 月

输电线路边坡勘察及监测

第一节 边坡勘察概述

一、边坡工程分类

（一）按成因分类

按成因分，可分为人工边坡和自然边坡。

人工边坡：由人工开挖或填筑施工所形成的地面具有一定斜度的地段。

自然边坡：由自然地质作用形成的地面具有一定斜度的地段，形成时间一般较长。

（二）按地层岩性分类

按地层岩性分，可分为土质边坡和岩质边坡。

土质边坡：土层结构决定边坡的稳定性，边坡破坏形式主要为圆弧滑动和直线滑动。按边坡组成土的类型不同又可分为：黏性土边坡、碎石土边坡和黄土边坡等类型。

岩质边坡：边坡主要由岩石构成，其稳定性决定于岩体主要结构面和边坡倾向的相对关系、土岩界面的倾角等，破坏形式主要为滑移型和崩塌型，破坏形式分类见表1-1。

表 1-1　　　　　　　　　岩质边坡的破坏形式分类

破坏形式	岩体特征		破坏特征
滑移型	由外倾结构面控制的岩体	硬性结构面的岩体	沿外倾结构面滑移，分单面滑移与多面滑移
		软弱结构面的岩体	
	不受外倾结构面控制和无外倾结构面的岩体	块状岩体、碎裂状、散体状岩体	沿极软岩、强风化岩、碎裂结构或散体状岩体中最不利滑动面滑移

破坏形式	岩体特征		破坏特征
崩塌型	受结构面切割控制的岩体	被结构面切割的岩体	沿陡倾、临空的结构面塌滑；由内、外倾结构不利组合面切割，块体失稳倾倒；岩腔上岩体沿结构面剪切或坠落破坏
	无外倾结构面的岩体	整体状岩体、巨块状岩体	陡立边坡，因卸荷作用产生拉张裂缝导致岩体倾倒

岩质边坡可进一步划分为以下三类：

1. 按岩层结构分

层状结构边坡：由相互平行的一组结构面构成的边坡。

块状边坡：由两组或两组以上产状不同的结构面组合而成的边坡。

网状结构边坡：结构面比较密集，方向不规则的斜坡（结构体为不规则的块体）。

2. 按岩层倾向与坡向的关系分

顺向边坡：岩层走向与坡向垂直，倾向与坡向一致。

反向边坡：岩层走向与坡向垂直，倾向与坡向相反。

切向边坡：岩层走向与坡向相交。

直立边坡：岩层产状直立，走向与坡向垂直。

3. 按使用年限分

永久性边坡：使用年限超过 2 年。

临时性边坡：使用年限不超过 2 年。

二、边坡工程安全等级

边坡工程按其破坏后可能造成的破坏后果（危及人的生命、造成的经济损失、产生社会不良影响等）的严重性、边坡类型和坡高等因素，按表1-2确定安全等级。

表 1-2   边坡工程安全等级

边坡类型		边坡高度 H（m）	破坏后果	安全等级
岩质边坡	岩体类型为Ⅰ类或Ⅱ类	$H \leqslant 30$	很严重	一级
			严重	二级
			不严重	三级

边坡类型		边坡高度 H（m）	破坏后果	安全等级
岩质边坡	岩体类型为Ⅲ或Ⅳ类	15＜H≤30	很严重	一级
			严重	二级
		H≤15	很严重	一级
			严重	二级
			不严重	三级
土质边坡		10＜H≤15	很严重	一级
			严重	二级
		H≤10	很严重	一级
			严重	二级
			不严重	三级

注 1. 一个边坡工程的各段，可根据实际情况采用不同的安全等级。
　　2. 对危害性很严重、环境和地质条件复杂的特殊边坡工程，其安全等级应根据工程情况适当提高。

边坡工程勘察应根据岩体主要结构面与坡向的关系、结构面的倾角大小、结合程度、岩体完整程度等因素对边坡岩体类型进行划分。其中岩体分类标准和岩体完整程度划分见表 1-3。

表 1-3　　　　　　　　　　　岩质边坡的岩体分类

边坡岩体类型	判定条件			
	岩体完整程度	结构面结合程度	结构面产状	直立边坡自稳能力
Ⅰ	完整	结构面结合良好或一般	外倾结构面或外倾不同结构面的组合线倾角＞75°或＜27°	30m 高的边坡长期稳定，偶有掉块
Ⅱ	完整	结构面结合良好或一般	外倾结构面或外倾不同结构面的组合线倾角 27°～75°	15m 高的边坡稳定，15～30m 高的边坡欠稳定
	完整	结构面结合差	外倾结构面或外倾不同结构面的组合线倾角＞75°或＜27°	15m 高的边坡稳定，15～30m 高的边坡欠稳定
	较完整	结构面结合良好或一般	外倾结构面或外倾不同结构面的组合线倾角＞75°或＜27°	边坡出现局部落块
Ⅲ	完整	结构面结合差	外倾结构面或外倾不同结构面的组合线倾角 27°～75°	8m 高的边坡稳定，15m 高的边坡欠稳定
	较完整	结构面结合良好或一般	外倾结构面或外倾不同结构面的组合线倾角 27°～75°	8m 高的边坡稳定，15m 高的边坡欠稳定
	较完整	结构面结合差	外倾结构面或外倾不同结构面的组合线倾角＞75°或＜27°	8m 高的边坡稳定，15m 高的边坡欠稳定
	较破碎	结构面结合良好或一般	外倾结构面或外倾不同结构面的组合线倾角＞75°或＜27°	8m 高的边坡稳定，15m 高的边坡欠稳定
	较破碎（破碎镶嵌）	结构面结合良好或一般	结构面无明显规律	8m 高的边坡稳定，15m 高的边坡欠稳定

边坡岩体类型	判定条件			
	岩体完整程度	结构面结合程度	结构面产状	直立边坡自稳能力
IV	较完整	结构面结合差或很差	外倾结构面以层面为主，倾角多为 27°～75°	8m 高的边坡不稳定
	较破碎	结构面结合一般或差	外倾结构面或外倾不同结构面的组合线倾角 27°～75°	8m 高的边坡不稳定
	破碎或极破碎	碎块间结合很差	结构面无明显规律	8m 高的边坡不稳定

注 1. 结构面指原生结构面和构造结构面，不包括风化裂隙。
 2. 外倾结构面系指倾向与坡向的夹角小于 30°的结构面。
 3. 不包括全风化基岩；全风化基岩可视为土体。
 4. I 类岩体为软岩，应降为 II 类岩体；I 类岩体为较软岩且边坡高度大于 15m 时，可降为 II 类。
 5. 当地下水发育时，II、III 类岩体可根据具体情况降低一档。
 6. 强风化岩应划为 IV 类；完整的极软岩可划为 III 类或 IV 类。
 7. 当边坡岩体较完整、结构面结合差或很差、外倾结构面或外倾不同结构面的组合线倾角 27°～75°，结构面贯通性差时，可划为 III 类。
 8. 当有贯通性较好的外倾结构面时应验算沿该结构面破坏的稳定性。

三、 边坡工程勘察要求

（一）边坡工程勘察应收集的资料

边坡工程勘察前除应收集边坡及邻近边坡的工程地质资料外，还应取得下列资料：

（1）附有坐标和地形的拟建边坡支挡结构的总平面布置图；

（2）边坡高度、坡底高程和边坡平面尺寸；

（3）拟建场地的整平高程和挖方、填方情况；

（4）拟建支挡结构的性质、结构特点及拟采取的基础形式、尺寸和埋置深度；

（5）边坡滑塌区及影响范围内的建（构）筑物的相关资料；

（6）边坡工程区域的相关气象资料；

（7）场地区域最大降雨强度和二十年一遇及五十年一遇最大降水量；

（8）场地区域河、湖历史最高水位和二十年一遇及五十年一遇的水位资料；

（9）可能影响边坡水文地质条件的工业和市政管线、江河等水源因素，以及相关水库水位调度方案资料；

（10）对边坡工程产生影响的汇水面积、排水坡度、长度和植被等情况；

（11）边坡周围山洪、冲沟和河流冲淤等情况。

（二）边坡工程勘察的主要内容

边坡工程勘察范围应包括坡面区域和坡面外围一定的区域。对无外倾结构面控制的岩质边坡的勘察范围：到坡顶的水平距离一般不应小于边坡高度；外倾结构面控制的岩质边坡的勘察范围应根据组成边坡的岩土性质及可能破坏模式确定。对于可能按土体内部圆弧形破坏的土质边坡不应小于1.5倍坡高。对可能沿岩土界面滑动的土质边坡，后部应大于可能的后缘边界，前缘应大于可能的剪出口位置。勘察范围还应包括下列可能对建（构）筑物有潜在安全影响的区域。

（1）场地地形和场地所在地貌单元；

（2）岩土时代、成因、类型、工程特性、覆盖层厚度、基岩面的形态和坡度、岩石风化和完整程度；

（3）岩、土体的物理力学性能和软弱结构面的抗剪强度；

（4）主要结构面特别是软弱结构面的类型、产状、发育程度、延伸程度、结合程度、充填状况、充水状况、组合关系、力学属性和与临空面的关系，是否存在外倾结构面；

（5）地下水水位、水量、类型、主要含水层分布情况、补给及动态变化情况；

（6）岩土的透水性和地下水的出露情况；

（7）地区气象条件（特别是雨期、暴雨强度），汇水面积、坡面植被，地表水对坡面、坡脚的冲刷情况；

（8）不良地质现象的范围和性质；

（9）地下水、土对支挡结构材料的腐蚀性；

（10）坡顶邻近（含基坑周边）建（构）筑物的荷载、结构、基础形式和埋深，地下设施的分布和埋深；

（11）对主要岩土层和软弱夹层应采样进行室内物理力学性能试验，其试验项目应包括物性、强度及变形指标，试样的含水状态应包括天然状态和饱和状态。用于稳定性计算时，土的抗剪强度指标宜采用直接剪切试验获取，用于确定地基承载力时，土的峰值抗剪强度指标宜采用三轴试验获取。主要岩土层采集试样数量：土层不少于6组，对于现场大剪试验，每组不应少于3个试件；岩样抗压强度不应少于9个试件。岩石抗剪强度不少于3组。需要时应采集岩样进行变形指标试验，有条件时应进行结构面的抗剪强度试验。

第二节　边坡勘察方法

边坡勘察常用的方法有地质调绘、钻探、物探、监测和试验方法等，其中占用时间最长的是钻探方法，但钻探是获取深部地质资料最为直观的手段，也是边坡勘察最常用的方法。地质调绘是边坡勘察的基础，是总体上掌握边坡概况必不可少的方法。物探方法效率高、成本低、仪器和工具比较轻便，但由于不同岩、土可能具有某些相同的物理性质，或同一种岩、土可能具有某些物理性质差异，因此有时较难得出肯定的结论。监测方法是对边坡变化规律的一种观测工作，对于确定边坡滑动面（带）的位置能提供可靠的依据，对预测边坡变形破坏趋势，评价边坡的长期稳定性有很大的意义。深层位移监测要利用钻探孔进行，其试验方法是在验证勘察结论和稳定性评价中选取参数时较常用的一种辅助手段。

一、　工程地质测绘与调查

工程地质测绘与调查是边坡勘察的基础，也是最常规的手段，是总体上掌握边坡概况必不可少的方法。通过工程地质测绘与调查，可以初步查明边坡的地形地貌、地层岩性、地质构造、水文地质及边坡的变形形迹，判定边坡的类型、性质、规模、范围、分条、分级、有可能存在的主滑方向，分析边坡的形成条件、原因及目前的稳定状态和发展趋势。

二、　物探

物探是用专门的仪器来探测各种地质体物理场的分布情况，对其数据及绘制的曲线进行分析解释，从而划分地层，是判定地质构造、水文地质条件及各种不良地质现象的一种勘察方法。物探具有采样密度大、速度快、成本低、信息量大等特点，使用时受场地、地形条件的限制较少。

复杂的边坡工程地质条件决定了输电线路工程的位置和规模，但边坡上发育的崩塌、坠石等地质灾害和多变的地形地貌条件严重影响了边坡地质工程勘察的安全性、准确性和勘察技术方法的有效性。通过多种物探方法综合探测复杂地质高边坡，对比分析各种方法的测试效果，评价岩体完整程度，有效探测边坡内发育的岩溶发育带、溶蚀裂隙带以及构造发育带等。但在接地条件较差区域，部分物探方法探测效果不理想，针对不同的地质条件区域，可采用相适应的物探方法，做到"因地制宜"，从而有效节约人力、物力，达到理想效果。

（一）高密度电阻率法

高密度电阻率法的理论基础与常规电阻率法相同，所不同的高密度电阻率法是一种阵列勘探方法。野外测量时先将全部电极置于测点上，然后通过程控电极转换器和电测仪进行数据采集。因为电极是一次布置完成、数据采集是程序控制自动进行的，其工作效率较高，而且可以避免因手工操作而容易出现的错误。一次布置完电极后，可以进行多种电极装置的测量，从而获得丰富的地电断面信息，其解释成果也有较高的准确性，其观测系统示意图见图1-1。

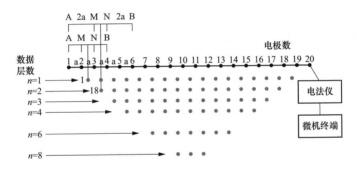

图1-1　高密度电阻率法斯伦贝谢尔装置观测系统示意图

（二）电磁波层析成像

电磁波勘探是基于电磁波在不均匀介质传播过程中电磁波的速度和衰减特性的变化来探测地质异常体的存在及其分布。电磁波在介质中传播的衰减系数 α 与电磁波角频率、岩石导电率、岩石磁导率、岩石介电系数等密切相关，因此在实际应用中应根据探测目标体与围岩间的电磁性差异合理选择测试参数。通过分析电磁波在地下介质中的衰减吸收系数变化定量反映地质体介质的组成和结构的变化。通常情况，坚硬、完整的岩体中电磁波衰减低，吸收系数低；而岩体完整性越差，或穿越岩体断裂带、裂隙密集带、溶洞等复杂地质体时电磁波波速低、衰减加剧，表现为高吸收系数异常变化，从而有效反映地质异常带的发育特征及其空间分布等。

（三）井间地震波层析成像

井间地震波层析成像的基本思想是根据地震波在地层中的传播规律，利用曲线积分将地表或井中观测的资料与某些地层参数联系起来，并反演这些参数的过程。它能够提供被探测目的物的精细结构和岩性变化的直观图像，因此，得到国内外地质学家的重视。现行的井间地震波层析成像方法对初始模型依赖性强，仅适合于简单模型和低对比度异常体成像，且图像分辨率偏低。

（四）瞬态瑞雷面波法

瑞雷面波勘察主要是利用了瑞雷波的两种特性：瑞雷波在分层介质中的传播时的频散特性和瑞雷波的传播速度与介质物理力学性质的相关性。瞬态瑞雷面波法是通过锤击、落重等震源激发产生一定频率范围的瑞雷波，瑞雷波沿介质表面传播。在地面上沿波的传播方向，以一定的道间距 Δx 设置 $N+1$ 个检波器，就可以检测到瑞雷波在 $N\Delta x$ 长度范围内的传播过程。

设瞬态瑞雷波的频率为 f，相邻检波器记录的瑞雷面波的时间差为 Δt 或相位差为 $\Delta\varphi$，则相邻道 $2\pi/3 < \Delta\varphi < 2\pi$ 长度内瑞雷面波的传播速度为：

$$Vr = \Delta x/\Delta t \quad Vr = 2\pi f\Delta x/\Delta\varphi \tag{1-1}$$

测量范围 $N\Delta x$ 内平均速度为：

$$Vr = N\Delta x/\Sigma\Delta t \quad Vr = 2\pi f\Delta x/\Sigma\Delta\varphi \tag{1-2}$$

式中　f——瑞雷波的频率，Hz；

　　Δt——瑞雷波的时间差，s；

　　$\Delta\varphi$——瑞雷波的相位差；

　　Δx——瑞雷波的频道间距，m。

在同一地段测量出一系列频率的 Vr 值，就能得到一条 Vr-f 曲线，即频散曲线。频散曲线的变化规律与地质条件和岩土介质的性状存在内在的联系，通过对频散曲线的分析解释，可以得到地下一定深度范围内的地质构造情况和不同深度瑞雷波的传播速度。瑞雷波传播速度反映了不同深度岩土介质的物理特性，据此可对岩土的物理性质做出评价。

（五）超声波法（岩芯、岩体）和剪切波法

岩芯测试采用对穿测试法，即将声波发射与接收换能器分别置于岩芯试样的两端，超声波由发射换能器发出穿过岩芯试样后直达接收换能器。孔中岩体超声波采用单孔法测试，将专门的孔内超声探头置于充满水的钻孔中，测试时采用一发双收装置，根据两接收探头之间的距离和初至波到达两探头的时间差，计算出相对应的岩体超声波速度，从而判定岩体完整性程度。

三、 钻探与挖探

钻探是现在边坡勘察的主要手段，通过钻探能揭露地面地质调查不能查清的地下地质情况，如边坡可能存在的滑体结构、不同地层的厚度、软弱层的分布、滑动带的层数、位置和性状，以及地下水的层数、位置、水位、水量及其变化等。挖探包括坑、槽、井、洞探测，也是钻探的重要补充。对重大而复杂的边坡，在边坡的下部布置探井或探洞取代钻孔，可以更清楚地揭露边坡地层、滑动面（带）和地下水情况，并可做试验取样或作原位滑带土剪切试验。由于其费用高、工期长，只能在重要部位实施，也可结合治理工程一井多用。

四、 相关试验法

相关试验法可以获取边坡最直接的相关参数，为边坡稳定性评价提供有利的证据。主要有边坡地下水及边坡存在的滑带土物理力学试验。地下水一般对边坡稳定性有较大影响，因此需要进行有针对的试验，如测定流量、水温、水位等。

滑带土的物理力学参数是边坡稳定性评价和推力计算的重要参数，通常要测定颗粒成分、天然容重、天然含水量、饱和含水量、液限和塑限含水量，以及天然和重塑状态下的抗剪强度等参数。对于特殊土滑坡，如膨胀土和黄土，可采用原位测试技术，如静力触探和旁压试验等确定滑带的位置、强度和侧向抗力系数等。

五、 边坡勘察方法的组合优选

边坡勘察设计过程中，勘察占用了约80％的时间。如果在保证勘察质量的同时加快勘察速度，能为设计和施工争取时间，对减少边坡地质灾害影有重大意义。

（一）简单边坡的勘察方法

在边坡规模小、工程地质条件简单、通过地质调绘可以掌握边坡范围、成因、稳定程度等情况时，可以适当减少钻探工作量，或采用实时监测技术结合物探方法，快速查明滑动面的位置、深度等空间形态。

（二）复杂边坡的勘察方法

在边坡地质情况复杂、危害严重的状况下，前期可适当减少钻探的数量，同时辅以地下位移监测方法、物探等方法，多方面来验证边坡滑动面的位置、稳定性情况，若不能详细查明边坡情况时，再作进一步的钻探勘察。具体进行勘察方法组合优选时，在可选的勘察方案较少时，可以通过枚举法直接选取耗时最少的勘察组合。当勘察过程环节较多，直接使用枚举法又较为困难时，可考虑引入系统分析中的非线性规划方法找到最节省时间的勘察方法组合。

第三节　边坡岩土力学参数取值

岩土体是在漫长的地质历史过程中形成的，由于各种岩土体的组成矿物不同、成岩过程不同、经手的地质构造和地质营力作用不同，形成的岩土体物理力学性质非常复杂。

在边坡稳定性分析中，岩土体力学参数的选取会对计算结果产生重大影响。边坡加固工程的有关岩土物理力学指标应通过原位测试、室内试验取得。当无试验条件时，可按国家现行标准 GB 50330—2013《建筑边坡工程技术规范》等并结合工程经验确定。

一、力学参数获取方法

（1）岩体结构面的抗剪强度指标宜根据现场原位试验确定。试验应符合现行国家标准 GB/T 50266—2013《工程岩体试验方法标准》的规定。当无条件进行试验时，对于二、三级边坡工程可按表 1-4 和反算分析等方法综合确定。

表 1-4　　　　　　　　　结构面抗剪强度指标标准值

结构面类型		结构面结合程度	内摩擦角 $\varphi(°)$	黏聚力 $c(MPa)$
硬性结构面	1	结合好	>35	>0.13
	2	结合一般	35～27	0.13～0.09
	3	结合差	27～18	0.09～0.05
软弱结构面	4	结合很差	18～12	0.05～0.02
	5	结合极差（泥化层）	根据地区经验确定	

注 1. 无经验时取表中的低值。
　　2. 极软岩、软岩取表中较低值。
　　3. 岩体结构面连通性差取表中的高值。
　　4. 岩体结构面浸水时取表中较低值。
　　5. 临时性边坡可取表中高值。
　　6. 表中数值已考虑结构面的时间效应。

（2）岩体结构面的结合程度可按表 1-5 确定。

表 1-5 结构面的结合程度

结合程度	结构面特征
结合好	张开度小于 1mm，胶结良好，无充填； 张开度 1～3mm，硅质或铁质胶结
结合一般	张开度 1～3mm，钙质胶结； 张开度大于 3mm，表面粗糙，钙质胶结
结合差	张开度 1～3mm，表面平直，无胶结； 张开度大于 3mm，岩屑充填或岩屑夹泥质充填
结合很差、结合极差（泥化层）	表面平直光滑、无胶结； 泥质充填或泥夹岩屑充填，充填物厚度大于起伏差； 分布连续的泥化夹层； 未胶结的或强风化的小型断层破碎带

（3）边坡岩体性能指标标准值可按地区经验确定。对于破坏后果严重的一级边坡应通过试验确定。

（4）岩体内摩擦角可由岩块内摩擦角标准值按岩体裂隙发育程度乘以表 1-6 中的折减系数确定。

表 1-6 边坡岩体内摩擦角折减系数

边坡岩体特性	内摩擦角的折减系数	边坡岩体特性	内摩擦角的折减系数
裂隙不发育	0.90～0.95	裂隙发育	0.80～0.85
裂隙较发育	0.85～0.90	碎裂结构	0.75～0.80

（5）边坡岩体等效内摩擦角按当地经验确定。当无经验时，可按表 1-7 取值。

表 1-7 边坡岩体等效内摩擦角标准值

边坡岩体类型	Ⅰ	Ⅱ	Ⅲ	Ⅳ
等效内摩擦 φ_e（°）	≥70	70～60	60～50	50～35

注 1. 边坡高度较大时宜取低值，反之取高值；坚硬岩、较硬岩、较软岩和完整性好的岩体取高值，软岩、极软岩和完整性差的岩体取低值。
  2. 临时性边坡取表中高值。
  3. 表中数值已考虑时间效应和工作条件等因素。

（6）土质边坡按水土合算原则计算时，地下水位以下的土宜采用土的自重固结不排水抗剪强度指标；按水土分算原则计算时，地下水位以下的土宜采用土的有效抗剪强度指标。

二、 取值原则

（1）利用搜集的岩土物理力学指标时应进行分析复核，并应充分考虑边坡工程使用期间岩土体及岩体结构面的物理力学性质发生的变化，对已使用的岩土物理力学指标进行适当的调整。

（2）对于未出现变形破坏的边坡，滑动面抗剪强度指标应取现场原位测试的峰值强度值；对于已出现变形破坏的边坡，滑动面抗剪强度指标应取残余强度值。

（3）当边坡、工程滑坡已产生变形或滑动时，可采用反演分析法确定滑动面抗剪强度指标。对出现变形的边坡、工程滑坡稳定性系数 K_s 宜取 $1.00\sim1.05$；对产生滑动的边坡、工程滑坡稳定系数 K_s 宜取 $0.95\sim1.00$。

（4）岩土的抗剪强度指标应与稳定分析时所采用的计算方法相匹配。

第四节　输电线路及边坡变形监测

输电线路在施工和运营期间，由于受多种主观和客观因素的影响，会产生变形，变形如果超过规定的限度，就会影响输电线路杆塔的正常使用，严重时还会危及输电线路的安全，甚至造成输电线路中断，给人民生命财产造成损失。因此安全监测是输电线路和边坡工程安全的重要保证。监测方法在实施时，首先应建立安全监测控制网，布设监测点，再根据项目具体情况确定监测周期和预警值，并进行周期性监测、数据分析和结果评价。

一、 监测内容

输电线路的监测，主要包括基础的沉陷观测与杆塔本身的变形观测。就其基础而言，主要观测内容是建筑物基础的水平位移、垂直位移与不均匀沉陷。对于杆塔本身来说，主要是观测倾斜与裂缝。对于巨型高耸或受风力影响较大的输电铁塔，还应对其动态变形（主要为振动的幅值、频率和扭转）进行观测。

边坡变形监测主要是针对稳定性差，或施工期间扰动大的滑坡进行监测。对危害程度为一级的滑坡，应进行包括地表变形、裂缝，深部位移，地下水位和孔隙水压力变化的立体监测，监控滑坡整体变形。对危害程度为二、三级的滑坡，宜进行以地表变形、裂缝和地下水位变化为主的监测，监控滑坡沿主滑方向的变形。监测开始前，监测人员首先应对地质构造、岩土力学参数、工程设计图纸和施工步骤进行细致的研究，做出有针对性的监测方案。边坡加固工程监测项目如表 1-8 所示。

表 1-8 边坡加固工程监测项目表

测试项目	测点布置位置	边坡工程安全等级		
		一级	二级	三级
坡顶水平位移和垂直位移	支护结构顶部	应测	应测	应测
地表裂缝	墙顶背后 $1.0H$（岩质）～$1.5H$（土质）范围内	应测	应测	选测
坡顶建筑物、地下管线变形	建筑物基础、墙面，管线顶面	应测	应测	选测
锚（索）杆拉力	外锚头或锚杆主筋	应测	应测	可不测
支护结构变形	主要受力杆件	应测	选测	可不测
支护结构应力	应力最大处	应测	应测	可不测
地下水、渗水与降雨关系	出水点	应测	选测	可不测

注 H 为挡墙高度。

二、 监测网点布设

监测网点的布设取决于监测的目的和要求。当需全面控制边坡或滑坡的变形范围及可能扩大和影响的范围时，应布设较完整的监测网覆盖整个范围，由若干条纵、横交叉的监测线构成网，在交叉点上设监测点。其中一条监测线应与滑坡主轴断面相重合或控制边坡的最高及最易变形的断面。当只要控制关键变形部位时，不一定形成监测网，可只设滑坡主轴监测线和与其平行的若干监测线。

获取监测数据后，应对监测数据进行分析，包括几何分析和物理解释。变形的几何分析是对变形体的形态和大小的变形做出几何描述，其任务在于描述变形体变形的空间状态和时间特性。数据分析的重点在包括变形基准的确定，正确区分变形与误差，提取变形特征，并解释其变形原因。变形物理解释的任务在于确定变形体的变形和变形原因之间的关系，解释变形的原因。

山区输电线路边坡稳定性分析与评价

第一节　山区输电线路边坡的类型与特征

一、 边坡的自然特征

山区输电线路边坡具有地形坡度大、岩土结构种类多、构造复杂、水文地质条件复杂等特征，从而导致输电线路边坡发生滑移、垮塌的可能性大。

（一）地形条件复杂

地形地貌条件是地质灾害形成的控制因素之一。滑坡、崩塌和不稳定斜坡的发育受坡体形态、地形坡度的影响较大。

（1）斜坡坡型与地质隐患点关系：研究区内坡型可分为四种类型，即凸起型、直线型、凹陷型和阶梯型（见图 2-1）。通过对区内滑坡、崩塌、不稳定斜坡统计，滑坡和不稳定斜坡灾害主要发育于阶梯型斜坡，崩塌则多发育于凸型和直线型陡斜坡。

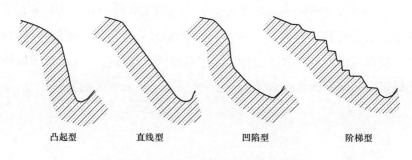

凸起型　　　　直线型　　　　凹陷型　　　　阶梯型

图 2-1　斜坡坡型基本形态示意图

某研究区不同斜坡坡型地质隐患点统计结果见表 2-1。

表 2-1　　　　　　某研究区不同斜坡坡型地质隐患点统计表

灾害点类型		凸起	直线	凹陷	阶梯	合计（处）
滑坡	数量	133	43	75	47	298
	比例	44.63%	14.43%	25.17%	15.77%	
崩塌	数量	48	5	10	17	80
	比例	60.00%	6.25%	12.50%	21.25%	
不稳定斜坡	数量	32	3	18	6	59
	比例	54.24%	5.08%	30.51%	10.17%	
合计	数量	35	9	22	30	437
	比例	36.5	9.4	22.9	31.2	

从表 2-1 可看出，研究区内 208 处滑坡隐患点主要发生在凸起型和凹陷型坡型中，分别为 133 处和 75 处，占滑坡重大隐患点总数分别为 44.63%、25.17%；80 处崩塌隐患点发生在凸型坡型中的 48 处，占崩塌重大隐患点总数的 60%；不稳定斜坡隐患点主要发育于凸起型和凹陷型坡型中，分别为 32 处和 18 处，占不稳定斜坡隐患点总数的 54.24% 和 30.51%。

（2）斜坡坡度与地质隐患点关系：斜坡的坡度越大，临空的危势和斜坡体内应力和斜坡产生变形破坏的可能性亦越大。大于 60° 的陡崖易形成崩塌，随着坡度的减缓，多发生滑坡和不稳定斜坡地质灾害。某研究区内不同地形坡度地质隐患点统计结果见表 2-2。

表 2-2　　　　　某研究区地质隐患点与地形坡度关系统计表

斜坡坡度 i（°）	$i<10$	$10\leqslant i<25$	$25\leqslant i<35$	$35\leqslant i<45$	$i\geqslant45$	合计
不稳定斜坡	0	3	13	33	10	59
滑坡	0	27	135	88	48	61
崩塌	0	0	0	5	75	80
合计	0	30	148	126	133	437
百分比	0	6.86%	33.87%	28.83%	30.43%	100%

从表 2-2 可看出，某研究区内地质隐患点主要发生于坡度为 25°～35° 的斜坡地带，占处不稳定斜坡、滑坡及崩塌隐患点总量的 33.87%，以滑坡为主。其次易发生于坡度大于 45° 的斜坡地带，占处不稳定斜坡、滑坡及崩塌隐患点总量的 30.43%，以崩塌为主。

（二）岩土结构复杂

工程地质岩类是影响斜坡变形、失稳的主要因素。由于岩性坚硬程度、力学强度、抗风化能力不同，地质灾害的发育程度和主要地质灾害类型也不同。根据各种岩石的物理力学性质及其完整性、坚硬程度、岩性等进行对比，不同地层岩性分布的地区所分布的地质灾害类型也不相同。其统计结果详见表2-3。

表2-3　　　　　　　　区地质隐患点与岩土体类型关系统计表

| 灾害种类 | 土层 | | 碎屑岩地层 | | 硬质岩地层 | |
| | （碎石土、黏土等） | | （泥岩、页岩等） | | （灰岩、白云岩等） | |
	处	占同类比例	处	占同类比例	处	占同类比例
滑坡	195	65.4%	80	26.8%	23	7.7%
崩塌	0	0	14	17.5%	66	82.5%
不稳定斜坡	32	54.2%	19	32.2%	8	13.6%
泥石流	0	0	1	100%	0	0
地面塌陷	0	0	10	23.8%	32	76.2%
地裂缝	0	0	0	0	3	100%

通过表2-3可以看出，研究区所调查的各类型地质隐患与工程地质岩类的关系有如下特征：

（1）岩土体类型与滑坡。研究区境内的滑坡主要是土质滑坡，占同类灾种的65.4%，主要发育于下伏基岩为软质岩类岩组地层中，下伏基岩透水性差，抗风化能力较弱，基岩与覆盖层间形成相对隔水层，残坡积物中土质含量高，覆盖层易于吸水软化形成软弱结构面，在外界因素影响下贯通形成滑面，最终形成滑坡。其次为碎屑岩地层和硬质地层。

（2）岩土体类型与不稳定斜坡。研究区内不稳定斜坡主要土质斜坡，占同类灾种的54.2%，岩性主要为第四系残坡积层，泥岩、页岩、砂岩等碎屑岩分布的地层中；发生机理与滑坡基本相同，岩土体力学性质差异较大，大部分不稳定斜坡极易向滑坡地质灾害转化。从地层岩性、岩土体类型来看，残坡积物及下伏基岩为泥岩、页岩等碎屑岩分布的区域发生的几率较高，发育在碎屑岩地层及硬质岩地层中的不稳定斜坡较少。

（3）岩土体类型与崩塌（危岩体）。研究区内崩塌（危岩）主要分布于硬质岩地层中，其次为碎屑岩地层中，在硬质岩中发育比例达82.5%；碎屑岩地层发育比例占32.2%。崩塌是本地区较发育的地质灾害之一，且大部分为自然因素形成，除与岩石本身节理裂隙发育、层间存在软弱结构面及力学性质等有关外，还与地层间的相互关系有很大的联系。在调查区内，当下伏基岩为软质岩组时，相对上伏的基岩形成了软弱基座，下伏的泥岩极易风化，在外力地质作用下，岩体风化剥落后极易形成凹岩腔，使上部岩体失去支撑，加快了岩石的卸荷速度，使上部岩体形成危岩体，进而产生崩塌。

（4）岩土体类型与泥石流。泥石流在调查区内分布较少，但从发生泥石流地质灾害的区域来看，泥石流主要分布在下伏基岩为碎屑岩地层分布的地区，这些地区往往第四系松散物源较为丰富。在沟谷两岸斜坡上松散堆积物的多少，决定了泥石流形成的规模，通过给泥石流提供物源而影响泥石流的发育。

（5）岩土体类型与地面塌陷。研究区境内共调查地面塌陷42处，有32处为采矿引起，其余为溶蚀塌陷成因。岩溶塌陷形成的基本条件是：①有可溶性岩层的分布；②在该岩层内有发育岩溶洞穴或裂隙；③在岩溶洞穴或裂隙上面覆盖有一定厚度的松散堆积物；④有强烈的地下水活动或地表水冲刷。在可溶岩地区，各种岩溶洞穴、管道、裂隙为降雨入渗和地下水径流提供了良好的通道，地下水沿地下水流向长期地流动，将可溶岩进行溶蚀、掏空，并将土体中的细小颗粒冲刷带走，当岩层厚度变薄，强度降低，承受不住地面土体和岩体、建筑物等的压力时，则产生了塌陷。

（三）构造复杂

从研究区地质隐患的平面位置来看，地质隐患的分布与区内地质构造有明显的关系。研究区地质构造复杂，断裂、褶皱发育，全省70％以上的地质灾害分布在这一区域，说明了地质构造对地质灾害的分布、控制、影响十分明显。

（1）地质构造与滑坡、不稳定斜坡。研究区内滑坡（或不稳定斜坡）以土质为主，其主控因素主要是岩土体类型与地形地貌，地质构造对其有影响但不明显。但由于构造作用导致岩体中节理裂隙发育，为地下水强烈交替起到了控制作用，特别是在地下水排泄地带，水压力对滑坡的发生起到积极的作用。从滑坡、不稳定斜坡的平面分布来看，它们大多分布在构造线沿线一带。

（2）地质构造与崩塌。在地质灾害分布特征上，崩塌除受地形切割、软弱基座的影响外，还与地质构造有很大关系。由于受地质构造的影响，使岩体产生大量节理裂隙，形成多组不利结构面，受多组不利结构面的控制，切割岩体大多较破碎，陡崖地带的破碎岩体在倾覆力矩和自身重力引起的剪切力作用下变形加剧，为崩塌及危岩体的形成提供了有利的条件，形成崩塌、危岩体的规模一般都比较大，且多为错断式崩塌，倾倒式和拉裂式次之。

（3）地质构造与泥石流。研究区内泥石流地质灾害不发育，但由于局部地区内地质构造发育，为泥石流提供了一定的松散物源，给泥石流的发育创造了一定的物质条件，调查区内所调查的泥石流地质灾害与地质构造的关系不明显。

（4）地质构造与地面塌陷。研究内地面塌陷除少部分采空塌陷分布在采矿活动较强烈的矿区外，大部分岩溶塌陷主要分布于遵义—绥阳—桐梓—道真一带，该区域存在大量背斜及向斜形成的垄岗槽谷地貌，地面塌陷主要分布在槽谷地带，呈串珠状分布，与构造线基本一致，说明地面塌陷与地质构造有很大的关系。主要是由于地质构造作用导致岩体破碎、节理裂隙发育，为地下水强烈交替提供了有利的条件，特别是在石灰岩地区地下水径流、排泄作用，促进了岩溶地质作用的发育。

（四）水文地质条件复杂

（1）大气降雨对隐患点的影响。降雨是地质灾害形成的主要诱发因素。研究区雨量充沛，区内地质隐患绝大部分集中发生在每年的5～7月份，每年第一次暴雨或持续降雨发生滑坡、泥石流的几率最大。降雨是滑坡形成的主要诱发因素，研究区境内的滑坡多属暴雨型滑坡。降水不仅增加土体自重，增大下滑推力，还转变为地下水，产生渗透力、扬压力，软化、润滑滑动面，对松散土体斜坡的稳定性极为不利。

降雨对崩塌的影响主要体现在两方面：一是泥化、软化下部软质岩层，形成良好的临空面和凹岩腔；二是产生较高的空隙水压力，使裂缝增大、增宽。暴雨时雨水迅速渗入岩体裂隙中，来不及消散，将产生很大的空隙水压力，导致高位岩体产生崩塌。

（2）地表水对隐患点的影响。地表水主要是指河流与沟谷中的地表水，夏秋季节多暴雨和大雨，而且时间集中，由于研究区内地形切割较深，大多地段沟谷坡降较大，降雨在短时间内汇集，形成具有较强侵蚀能力的地表水流，不断地冲蚀或掏空斜坡坡脚，使斜坡下部不断变陡，临空面增高加宽，导致斜坡失稳，产生滑坡、崩塌等灾害。

（3）地表水对隐患点的影响。由于大气降雨的补给和灌溉水的下渗，导致地下水位大幅度上升，长期浸泡坡体。不仅起到与地表水入渗时同样的作用，而且增大岩体的含水量，降低了土体抗剪强度，同时对坡体起到浮托作用，降低了斜坡土体的抗剪强度。另一方面，由于水位的升高，增大了边坡的静、动水压力，在斜坡处形成了较大的水力坡度，增加了水对斜坡的侧压，从而使边坡稳定条件恶化。

（五）人类工程活动强烈

由于人类工程活动（如人工的开挖和堆积）引起的边坡失稳相当多，随着国民经济和交通事业的迅速发展，人类工程活动已愈来愈成为造成斜坡失稳的重要因素。就其作用机制而言，与上述自然营力的改造作用相类似。但人类工程活动的改造作用，相对于自然过程通常要快得多。其主要原因如下：

（1）人为改变地下水文地质条件，如不合理开采地下水、沟中修建水库、坡体上拦坝建池塘、人工弃土堵塞地下水出口等都会改变地下水的条件，从而影响边坡的稳定性。

（2）坡脚处施工开挖容易在坡脚形成临空面，造成应力集中现象，威胁坡体稳定。

（3）施工爆破震动容易对边坡岩土体造成松动破坏作用，甚至在坡体内部形成裂缝，降低边坡的稳定条件。而频繁的爆破震动效益无疑会给边坡的稳定性带来不利的影响，这是露天矿边坡变形比较普遍，不稳定或潜在不稳定边坡占有相当大比例的主要原因之一。

二、 边坡滑面特征与坡体特征

无论是土质边坡还是岩质边坡，在坡体没有开挖或填筑前，坡体中不存在滑面，即使坡体中存在软弱土夹层或软弱结构面，也不能视作滑面，因为它们没有滑动的趋势。这正是边坡与滑坡的不同点。由于不存在实际滑面，因而滑面必须通过分析的方法才能确定，不能采用钻探观察等方法确定。

在边坡开挖或填筑前，坡体上没有滑动和滑动趋势，因而坡体上不会出现变形与滑动迹象。但在边坡开挖或填筑后，坡体就可能出现变形与滑动迹象，甚至出现边坡滑塌。由于边坡开挖或填筑引起的滑动范围有限，所以边坡滑塌的规模与滑坡相比通常较小，由于工程开挖引起的大规模山体滑坡，如古滑坡复活等，一般称为工程滑坡，不再列入边坡范围之内。

三、 边坡的施工特征

岩土工程的一个特点是与施工过程密切相关，即使设计合理，如果施工过程不当，也会导致岩土失稳坍塌，造成工程失败。为了减少边坡工程事故，边坡的开挖或填筑、支护等施工程序，必须科学规划。通常只有非常稳定的坡体，允许在不支护情况下开挖；对比较稳定的坡体采取开挖一段、支护一段的方法。施工过程采用逆作法，即从上向下进行，对很不稳定的坡体需要边开挖边支护，支护紧跟开挖或在开挖前就预先进行支护。坡体施工过程有时要求进行实时监测以便对施工过程的安全做出及时预报。

第二节 山区输电线路边坡的破坏形式及主要控制因素

一、 山区输电线路边坡的破坏形式

山区输电线路边坡的破坏形式取决于边坡岩性以及岩体内地质断裂面的分布及组合。典型的破坏形式有崩塌、坍塌、滑塌、倾倒、错落、落石等形式。

（1）崩塌，是陡坡上的巨大岩体或土体，在重力和其他外力作用下，突然向下崩落的现象。崩塌过程中岩体（或土体）猛烈的翻滚、跳跃、互相撞击，最后堆于坡脚，原岩体（或土体）结构遭到严重破坏，如图 2-2 所示。

图 2-2 边坡崩塌破坏

（2）坍塌，是土层、堆积层或风化破碎岩层斜坡，由于土壤中水和裂隙水的作用、河流冲刷或人工开挖坡陡于岩体自身强度所能保持的坡度而产生逐层

塌落的变形现象（见图 2-3）。这是一种非常普遍的现象，一直塌到岩土体自身的稳定角时方可自行稳定。

图 2-3　边坡坍塌破坏

（3）滑塌，是斜坡上的岩体或土体，在重力和其他外力作用下，沿坡体内新形成的滑面整体向下以水平滑移为主的现象（见图 2-4）。它与坡体滑坡十分类似，滑坡是沿坡体内一定的软弱面（或带）整体向下滑动。

图 2-4　边坡滑塌破坏

（4）倾倒，是陡倾的岩体山于卸荷回弹和其他外力作用，绕其底部某点向临空方向倾倒的现象，它可以转化为崩塌或滑塌，也可停止在倾倒变形阶段。

（5）错落，是被陡倾的构造面与后部完整岩体分开的较破碎土体，因坡脚受冲刷或人工开挖和震动影响，下伏软弱层不足以承受上部岩体压力而被压缩，引起坡体以垂直下错为主的变形现象。

（6）落石，是指破碎且节理裂隙发育硬质岩斜坡，软、硬岩土层和断层破碎影响带岩块逐渐松动、坠落现象，及大型危岩倒塌、坠落，统称危崖落石。

二、 影响边坡稳定性的主要因素

影响边坡稳定性的因素主要有内在因素和外部因素两方面，内在因素包括组成边坡的地貌特征、岩土体的性质、地质构造、岩土体结构、岩体初始应力等。外部因素包括水的作用、地震、岩体风化程度、工程荷载条件及人为因素。内在因素对边坡的稳定性起控制作用，外部因素起诱发破坏作用。

（一）岩土性质和类型

岩性、坡高和坡角对边坡的稳定起重要的控制作用。坚硬完整的块状或厚层状岩石如花岗岩、石灰岩、砾岩等可以形成数百米的陡坡，如长江三峡峡谷。而在淤泥或淤泥质软土地段，由于淤泥的塑性流动，几乎难以开挖渠道，边坡随挖随塌，难以成形。黄土边坡在干旱时，可以直立陡峻，但土一经水浸会强度大减，变形急剧，滑动速度快，规模和动能巨大，破坏力强且有崩塌性。松散地层边坡的坡度较缓。

不同的岩层组成的边坡，其变形破坏也有所不同，在黄土地区，边坡的变形破坏形式以滑坡为主；在花岗岩、厚层石灰岩、砂岩地区则以崩塌为主；在片岩、板岩、千枚岩地区则往往产生表层挠曲和倾倒等蠕动变形。在碎屑岩及松散土层地区，则产生碎屑流或泥石流等。

（二）地质构造和岩体结构的影响

在区域构造比较复杂，褶皱比较强烈，新构造运动比较活动的地区，边坡稳定性差。断层带岩石破碎，风化严重，又是地下水最丰富和活动的地区极易发生滑坡。岩层或结构的产状对边坡稳定也有很大影响，水平岩层的边坡稳定性较好，但存在陡倾的节理裂隙，则易形成崩塌和剥落。同向缓倾的岩质边坡（结构面倾向和边坡坡面倾向一致，倾角小于坡角）的稳定性比反向倾斜的差，这种情况最易产生顺层滑坡。结构面或岩层倾角愈陡，稳定性愈差。如岩层倾角小于$10°\sim15°$的边坡，除沿软弱夹层可能产生塑性流动外，一般是稳定的；倾角大于$25°$的边坡，通常是不稳定的；倾角在$15°\sim25°$的边坡，则根据层面的抗剪强度等因素而定。同向陡倾层状结构的边坡，一般稳定性较好，但由薄层或软硬岩互层的岩石组成，则可能因蠕变而产生挠曲弯折或倾倒。反向倾斜层状结构的边坡通常较稳定，但垂直层面或片理面的走向节理发育且顺山坡倾斜，则亦易产生切层滑坡。

（三）水的作用

地表水和地下水是影响边坡稳定性的重要因素。不少滑坡的典型实例都与水的作用有关或者水是滑坡的触发因素，处于水下的透水边坡将承受水的浮托力作用，而不透水的边坡，将承受静水压力；充水的张开裂隙将承受裂隙水静水压力的作用；地下水的渗流，将对边坡岩土体产生动水压力。水对边坡岩体还产生软化或泥化作用，使岩土体的抗剪强度大为降低；地表水的冲刷，地下水的溶蚀和潜蚀也直接对边坡产生破坏作用。不同结构类型的边坡，有其自身特有的水动力模型。

1. 静水压力

作用于边坡的静水压力主要包括两种情况：其一是当边坡被水库淹没时，库水对边坡面所产生的静水压力；其二是当裂隙岩石边坡的张裂隙充水时，裂隙中的静水压力。

（1）边坡坡面上的静水压力：当边坡被水淹没，而边坡的表部相对不透水时，坡面上将受一定的静水压力，静水压力的方向与坡面正交。当边坡的滑动面（软弱结构面）的倾角 θ 小于坡角 α 时，则坡面静水压力传到滑动面上的切向分量为抗滑力，对边坡稳定有利。当 $\theta > \alpha$ 时，切向分量为下滑力，则不利于边坡的稳定。

（2）边坡裂隙静水压力：有张裂隙发育的岩石边坡以及长期干旱的裂隙黏土边坡，如果因降雨或地下水活动使裂隙充水，则裂隙面将承受静水压力（如图 2-5 所示）。静水压力的作用方向与裂隙面相垂直，其大小与裂隙水水头有关。对部分充水的高角度裂隙，裂隙静水压力 P_w（取单宽坡体）为：

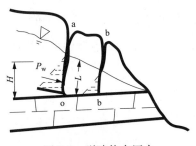

图 2-5　裂隙静水压力

$$P_w = \frac{1}{2} HL\gamma_w \tag{2-1}$$

式中　H——裂隙水的水头，m；

L——裂隙充水的长度，m；

γ_w——水的块体密度，g/cm^3。

由于裂隙水活动的不规律性，岩体中的地下水位通常不是圆滑的曲线。在相邻裂隙的地下水位不同时，地下水位高的裂隙较地下水位低的裂隙承受较大的静水压力，这种静水压力的差别，有时是使边坡失稳的原因之一。

由于地下水出口节理裂隙敞开情况不同，也影响裂隙水压力的大小，因而影响边坡的稳定。如图 2-6 所示，出口节理张开，地下水位低，裂隙水压力小；出口节理闭合，透水性差，则地下水位高，裂隙水压力大。如作用在岩块底部滑面上的静水压力，有时可使覆岩块隆胀（静水压力等于上覆岩块重），而使边坡稳定严重恶化。

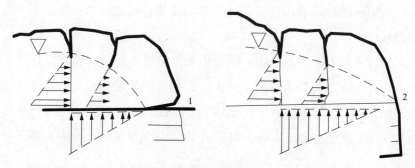

图 2-6　裂隙静水压力分布的情况

1—节理张开；2—节理闭合

2. 浮托力

处于水下的透水边坡，承受浮托力的作用，使坡体的有效重量减轻，这对边坡的稳定不利。不少水库周围松散堆积层边坡，在水库蓄水时发生变形，浮托力的影响是原因之一。对处于极限稳定状态，依靠坡脚岩体重量保持暂时稳定的边坡，坡脚被水淹没后，浮托力对边坡稳定的影响就更加显著。

3. 动水压力

动水压力是地下水在流动过程中所施加于岩土体颗粒上的力。它是一种体积力，其数值为：

$$D = V\gamma_w I \qquad (2\text{-}2)$$

式中　V——流动水体体积，m^3；

γ_w——水的块体密度，g/cm^3；

I——水力梯度，m。

动水压力的方向和水流方向平行，在近似计算中，多假定与地下水面或滑面平行，如果动水压力方向和滑体滑动方向不一致，则应分解为垂直和平行于滑面的两个分量参与稳定计算。在边坡稳定的实际计算中，由于渗流方向不是定值，且水力梯度不易精确确定，一般则作简化假定，以采用不同的滑体块体密度将动水压力的影响计入。即在地下水位以下静水位以上有渗流活动的滑体，计算下滑力时，采用饱和块体密度；计算抗滑力时，采用浮块体密度。

（四）工程荷载

在水利水电工程中，工程荷载的作用影响边坡的稳定性。例如，拱坝坝肩承受的拱端推力、边坡坡顶附近修建大型水工建筑物引起的坡顶超载、压力隧洞内水压力传递给边坡的裂隙水压力、库水对库岸的浪击淘涮力、为加固边坡所施加的力，如预应力锚杆时所加的预应力等都影响边坡的稳定性。由于工程的运行也可能间接地影响边坡的稳定，例如由引水隧洞运行中的水锤作用，使隧洞围岩承受超静水荷载，引起出口边坡开裂变形等。

（五）地震作用

地震对边坡稳定性的影响表现为累积和触发（诱发）等两方面效应。

1. 累积效应

边坡中由地震引起的附加力的大小，通常以边坡变形体的重量与地震振动系数之积表示。在一般边坡稳定性计算中，将地震附加力考虑为水平指向坡外的力。但实际上应以垂直与水平地震力的合力的最不利方向为计算依据。总位移量的大小不仅与震动强度有关，也与经历的震动次数有关，频繁的小震对斜坡的累进性破坏起着十分重要的作用，其累积效果使影响范围内岩体结构松动，结构面强度降低。

2. 触发（诱发）效应

触发效应可有多种表现形式。在强震区，地震触发的崩塌、滑坡往往与断裂活动相联系。高陡的陡倾层状边坡，震动可促进陡倾结构面（裂缝）的扩展，并引起陡立岩层的晃动。它不仅可引发裂缝中的空隙水压力（尤其是在暴雨期）激增而导致破坏，也可因晃动造成岩层根部岩体破碎而失稳。

碎裂状或碎块状边坡，强烈的震动（包括人工爆破）甚至可使之整体溃散，发展为滑塌式滑坡。结构疏松的饱和砂土受震液化或敏感黏土受震变形，也可导致上覆土体产生滑坡。海底斜坡失稳，不少也与地震造成饱水固结土体的液化有关，这也是为什么在十分平缓的海底斜坡中会产生滑坡的重要原因之一。

第三节　边坡破坏引发的输电线路损坏模式及特征

输电线路塔基边坡稳定是保证线路安全运行的首要前提，在我国南方，输电线路路径大多经过山区，山区边坡地质条件较为复杂，边坡稳定的控制因素较多，在降雨条件下山区地质灾害频发，这对输电线路的安全造成极大威胁。除了自然条件控制以外，还有人为的工程建设活动也会造成塔基边坡破坏，进而破坏输电线路铁塔。边坡破坏引发的输电线路损坏模式主要有铁塔倒塔、铁塔倾斜、铁塔基础沉降、铁塔塔材弯曲等。

一、　铁塔倒塔破坏

由于铁塔所处位置斜坡发生崩塌、坍塌、滑塌等导致铁塔基础破坏，致使铁塔上部结构失去支撑而发生的整体倒塔破坏（见图 2-7）。由于输电线路建设的前期勘察、设计、施工及后期运行巡检等预防措施，造成倒塔的事故相对较少。

图 2-7　铁塔倒塔破坏

二、　铁塔倾斜

由于铁塔所处边坡局部失稳破坏（或基础沉降不均匀）而引起铁塔基础位移（见图 2-8），导致上部结构发生偏移的现象，这种现象在输电线路铁塔破坏中较为普遍（见图 2-9）。

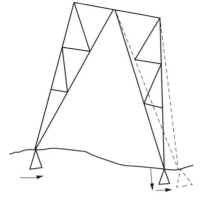

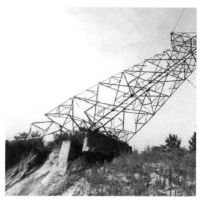

图 2-8　铁塔倾斜示意图　　　　　　　图 2-9　铁塔倾斜破坏

三、 塔材弯折破坏

　　由于铁塔所处位置边坡失稳导致上部结构应力分布不均匀，造成应力集中使得铁塔部分杆件抗压或抗折强度不够而发生弯折，导致输电线路破坏失去运行能力或影响输电线路完全运行的现象（见图 2-10）。

图 2-10　铁塔塔材弯折破坏

第四节　土质边坡稳定性分析与评价

一、土质边坡的稳定性分析

边坡稳定性研究已有近 100 多年的历史。边坡稳定性研究可追溯到 8 世纪末到 20 世纪初的欧洲，边坡的早期研究是以土体为对象，发展出以材料力学和简单的均质弹性、弹塑性理论为基础的半经验半理论性质的研究性方法，并把此类方法应用于岩质边坡的稳定性研究。随着人们知识的逐渐增长，科技的日益进步，开始采用极限平衡法、有限元方法等来研究边坡的稳定性问题，给边坡稳定的定量性评价创造了条件，使其逐渐过渡到数值方法研究，从而使边坡稳定性研究从早期的定性评价进入到模式机制和作用过程研究阶段。

极限平衡法是建立在大家所熟悉的摩尔库仑强度准则基础上的，极限平衡方法的基本特点是：只考虑静力平衡条件和土的摩尔库仑破坏准则。也就是说通过分析土体在破坏那一刻的力的平衡，来求得问题的解，当然在大多数情况下问题是静不定的极限平衡方法。处理这个问题的对策是引入一些简化假定使问题变得静定可解。这种处理使方法的严密性受到了损害，但是对计算结果的精度损害并不大。由此而带来的好处是使分析计算工作大为简化，因而在工程中获得广泛应用。

进入 20 世纪 70 年代后随着计算机和有限元分析方法的产生和发展，应用严格的应力应变分析方法分析建筑结构的变形和稳定性已变得可能。因此有限元法也被广泛应用于边坡稳定分析。采用这一方法可以不必对一部分内力和滑裂面形状做出假定，使分析研究成果的理论基础更为严密。从近 30 年的实际应用情况来看，有限元方法也存在自身的局限，主要是在确定边坡的初始应力状态，把握边坡临近破坏时的弹塑性本构关系以及保证非线性数值分析的稳定性等方面遇到的困难。另外还有计算成果和工程实践中采用的传统的安全系数判据接轨的问题。

近年来，边坡问题在岩土工程界受到了极大关注，相关的国际学术活动和技术合作非常活跃，边坡工程问题成为许多国际学术会议的中心议题或主要议题，研究进入到新的发展阶段，其表现主要有以下特点。

（1）完善极限平衡理论。传统极限平衡理论以其计算模型简单、计算公式简便、可解决各种复杂的剖面形状、可考虑各种加载形式等优点而得到广泛应用。但也存在着危险滑动面确定困难、计算模型过于简化的缺点。近几年来各国研究人员对该理论方法进一步的完善，以实现其优势作用。

（2）数值分析方法广泛应用。数值分析方法如有限元法、边界元法、离散元法、拉格朗日元法等的应用发展，从平面到三维，从弹性到弹塑性，使数值分析结果更能反映实际边坡，以促进边坡稳定性研究的发展。

（3）复合法的应用。对同一边坡采用两种或以上分析方法进行对比研究，可以相互参考，相互对照、验证，实现边坡稳定性分析研究的科学合理性。

（4）随机分析法的广泛发展。随机分析方法与上述的确定性分析方法有很大的不同，它认为随机变量是影响边坡稳定性各种因素的主控原因，再利用概率论和数理统计的理论来分析边坡的稳定性。

（5）模糊分析法的发展。模糊分析法原理认为边坡的性质及其稳定性的分界是不能确定的，具有一定模糊性和不确定性，它通过模糊理论研究边坡稳定性。模糊理论是以模糊变换原理和最大隶属度原则为应用基础，再综合考虑相关被评事物或者它的属性的因素，进而给予等级或级别的评价结果。

（6）计算机模拟技术对于边坡分析的广泛应用。计算机模拟技术开始应用到边坡稳定性分析中，这种技术主要应用到边坡结构面网络的模拟，对边坡的稳定性做出预测评价。

（7）试验研究技术的完善。先进实验设备的大量使用，使得试验的研究对于基本的理论与规律性的研究、本构关系与数学力学模型建立、力学参数的选择与确定、验证理论性方法的有效性与合理性有着重要意义。

二、 土质边坡的稳定性评价

土质边坡的稳定性评价方法有多种，主要分为定性评价和定量评价。边坡稳定性定量评价是在定性分析评价的基础上，据边坡工程地质条件，采用力学平衡理论计算评价边坡的稳定系数，据计算得到的稳定系数来评价边坡的稳定性边坡工程的稳定性分析评价一直是边坡工程的核心问题。对于不同的破坏方式都与不同的滑动面形式有关，因此就需要采用不同的分析方法及计算模型来分析评价其稳定状态。边坡稳定分析方法在不断发展，由定性逐步走向定量。

定性分析方法主要是分析影响边坡稳定的主要因素、失稳的力学机制及可能的破坏形式等；定量分析方法是根据不同的边坡类型、稳定分析目的及精度要求对应采用不同的分析方法进行研判，主要有确定性分析法和不确定性分析法两种。常见的边坡稳定性评价方法如图 2-11 所示。

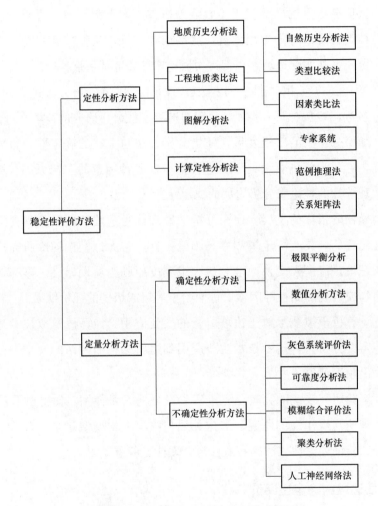

图 2-11 常见的边坡稳定性评价方法

（一）定性分析方法

定性分析方法亦称多因素分析法，主要是通过工程地质勘察，在对已变形地质体的成因及其演化史，影响边坡稳定性的主要因素、可能的变形破坏方式及失稳的力学机制等的分析的基础上，给出所评价边坡的稳定性状况及其可能的发展趋势，并作出定性的说明与解释。该方法的优点是能综合考虑边坡稳定性状况的多种影响因素，然后对其稳定性状况、发展趋势快速地做出评价。定性分析方法主要有地质历史分析方法、工程地质类比法、图解分析法和计算定性分析法等。

自然（成因）历史分析法主要是根据边坡的发育历史、地质环境中变形破坏各样迹象以及其相关的稳定性影响因素和基本的规律特性等方面进行分析，并且追溯边坡的演变全过程，对边坡稳定性的区域性特征、总体趋势和状况做出预测和评价，判断已发生滑坡的边坡能否复活或转化。该法主要用于天然斜坡的稳定性评价。

图解分析法可以分为投影图分析法和诺模图分析法。投影图分析法是用赤平极射投影的原理去评价边坡的稳定性，并且为力学计算提供相关信息。如实体比例投影图法、赤平极射投影图法、MarklandJ.J投影图法等，其主要用于评价分析岩质边坡的稳定性。诺模图分析法是运用诺模图来表征与滑坡相关参数间的关系，并由此求出边坡稳定安全系数，其主要用于评价分析土质或全、强风化岩的具弧形破坏面的边坡稳定性。

边坡工程数据库分析法是通过对已有的多个自然斜坡、人工边坡实例的计算分析的结果进行收集，再建立边坡工程数据库来进行信息交流和工程类比。其中范例推理分析法是由目标范例提示去获得记忆中含有的源范例，并且再由源范例去指导目标范例进行求解的一种方法。之后不久范例推理分析法得以在计算机上实现。在此基础上，发展出了基于模糊相似优先理论的边坡稳定性评价的范例推理分析法，其后又基于边坡工程数据库上发展出关系矩阵分析法和专家系统分析法。

（二）定量分析方法

1. 确定性分析方法

（1）极限平衡分析法。

挡土墙库伦土压力计算方法的提出，标志着土力学雏形的产生。朗肯土压力分析法是在假设墙后土体各点处于极限平衡状态的基础上，建立起的计算主动土压力和被动土压力的方法。库仑和郎肯在分析土压力时采用的方法后来推广到地基承载力和边坡稳定分析中，形成了一个体系，这就是极限平衡法。

极限平衡法是建立在 Mohr-Coulomb 屈服准则与静力平衡基础上的，经过几十年的发展，极限平衡法已经相对成熟，极限平衡法也成为土坡稳定分析中最经常使用的方法，许多规范也直接指定用这种方法进行边坡的稳定计算。

极限平衡法的特点是只考虑静力平衡条件和 Mohr-Coulomb 破坏准则，通过分析土体在即将破坏那一刻的平衡来求出安全系数。目前，利用极限平衡法分析土坡稳定性时，使用最多同时也是发展最为成熟的方法是条分法。而在条分法中应用最广泛的就要数垂直条分法了。极限平衡法基于以下假定：

1）土体为刚塑性材料，满足 Mohr-Coulomb 破坏准则；

2）滑动面上所有点满足破坏准则，也就是说在破坏时，滑动面上点的抗剪强度完全发挥；

3）破坏时，滑动土体处于静态平衡状态。由于土坡稳定分析中大多数情况下会遇到静不定问题，因此极限平衡法就需要引入一定的假设来使问题变得静定可解，如表 2-4 所示。

表 2-4   各种极限平衡法以及引入的基本假定

稳定性分析方法	适用的滑动面形状	假定条件	满足的平衡条件
瑞典法	圆弧滑动面	不考虑条间力作用；土条底面法向力过圆心	满足整体力矩平衡条件
毕肖普法	圆弧滑动面	土条底面法向力过圆心	满足整体力矩平衡条件
简化 Janbu 法	任意形状滑动面	条间力作用点已知	满足整体力矩平衡条件
陆军工程师团法	任意形状滑动面	土条侧向作用力的倾角为边坡的平均坡度	满足整体力矩平衡条件
罗厄法	任意形状滑动面	土条侧向作用力的倾角等于底面倾角与顶面倾角的平均值	满足整体力矩平衡条件
传递系数法	任意形状滑动面	假定条间力平行于土条底面	满足整体力矩平衡条件
Spcencer 法	任意形状滑动面	假定土条侧向力的倾角为一个常数	满足整体力和力矩平衡条件
Morgensrern-Price 法	任意形状滑动面	土条侧向力的方向满足一个对水平坐标的函数关系	满足整体力和力矩平衡条件
Sarma 法	任意形状滑动面	假定土条侧面达到极限状态	满足整体力和力矩平衡条件

极限平衡分析法是当前国内外应用最广，发展最完善的边坡稳定性分析方法。其主要思想是将有滑动趋势范围内（如黏性土的滑动面接近圆弧形，非黏性土中，破坏面接近直线或折线的滑动面范围内）的边坡岩土体按某种准则划分为多个小块体，通过块体的平衡条件建立整个边坡体的静力平衡方程来分析边坡的稳定性。主要方法有 Fellenius 法、Bishop 法、Janbu 法、Morgenstern-

Price 法、Spencer 法、滑楔法、不平衡传递系数法、Sarma 法等。

由于极限平衡法具有模型简单、计算公式简捷、可以解决多种复杂剖面形状、能考虑各种加载形式等优点，因此得到广泛的应用。但极限平衡法的局限性在于它需要事先假设边坡中存在的滑动面（圆弧法或折线法），并且无法考虑岩土体与支护结构之间的作用、位移及变形协调关系，这样导致的直接后果是考虑局部安全系数和计算的应力分布的情况变得不符合实际。

（2）边坡稳定分析极限平衡法的基本原理。

1）基本原则。建立在极限平衡原理基础上的边坡稳定分析方法包含有以下几条基本原则：土坡沿着某一滑裂面滑动的安全系数 F 是这样定义的，将土的抗剪强度指标降低为 c'/F 和 $\tan\varphi'/F$ 则土体沿着此滑裂面处处达到极限平衡，即

$$\tau = c_e' + \sigma_n' \cdot \tan\varphi_e' \tag{2-3}$$

$$c_e' = \frac{c'}{F} \tag{2-4}$$

$$\tan\varphi_e' = \frac{\tan\varphi'}{F} \tag{2-5}$$

式中　τ——剪应力，kN；

　　　σ_n'——正应力，kN；

　　　F——安全系数；

　　　φ'——滑裂面倾角，（°）。

上述将强度指标的储备作为安全系数定义的方法是经过多年的实践被工程界广泛承认的一种作法，采用这一定义在数值计算方面会增加一些迭代收敛方面的问题。

2）摩尔-库仑强度准则。设想土体的一部分沿着某一滑裂面滑动，在这个滑裂面上土体处处达到极限平衡，即正应力 σ_n' 和剪应力 τ 满足摩尔-库伦强度准则设土条底的法向力和切向力，分别为 N 和 T 则有：

$$\Delta T = c_e' \Delta x \sec\alpha + (\Delta N - u\Delta x \sec\alpha)\tan\varphi_e' \tag{2-6}$$

式中　α——土条底面倾角，（°）；

　　　N——土条底面的法向力，kN；

　　　T——土条底面的切向力，kN；

　　　x——土条的长度，m。

3）静力平衡条件。将滑动土体分成若干土条（如图 2-12 所示），每个土条

和整个滑动土体都要满足力和力矩平衡条件，在静力平衡方程组中未知数的数目超过了方程式的数目，解决这一静不定问题的办法是对多余未知数作假定，使剩下的未知数和方程数目相等从而解出安全系数的值。

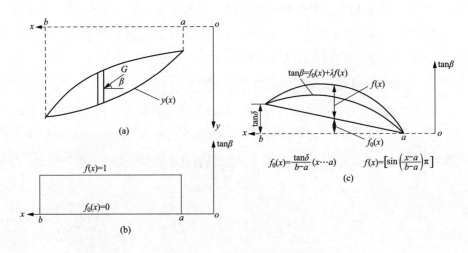

图 2-12　边坡稳定的条分法

（3）改进极限平衡法：人工智能方法。

人工智能方法是近期在计算机发展基础上形成的，并很快应用于岩土工程领域，它充分利用计算机具有容量大、计算速度快的优点，通过大量随机采样来找到目标函数的最优值，很多专家和学者都曾致力这方面的改进研究。它最大特点是对目标函数没有特别的要求，且具有全局性、鲁棒性等特点，这些都为土质边坡滑动面的搜索提供了有利契机。具有代表性的人工智能方法有：遗传算法、神经网络方法、蚁群算法等。

1）遗传算法。遗传算法是通过模拟自然界优胜劣汰的生物进化机制，把进化过程中的选择、交叉、变异等概念引入到算法中，是一种全局概率的智能搜索方法。其主要计算过程如下：首先产生初始种群规模 N，经选择、交叉和变异生成下一代新种群，从新种群中选出适应度高的优质个体，在解空间构成补解集合，直到满足要求的收敛指标。遗传算法能够结合随机搜索与方向性搜索，在全局范围内进行搜索得到最优解，它的缺点是在搜索过程中得到的反馈信息不能被有效利用，以至于迭代冗长，计算效率较低。

2）神经网络方法。神经网络法通过模拟人大脑的神经处理信息方式，把人脑神经网络的数学模型理论化，建立一种信息并行处理和非线性映射的处理系统，具有大规模计算能力。相关模型包括 BP 神经网络、广义神经网络（GRNN）、人工神经网络（ANN）等。

3）蚁群算法。蚁群算法（ACA）是人们受到自然界蚁群觅食行为的启发而提出的一种基于群体模拟仿生算法，它具有开放性、并行性、鲁棒性、全局收敛性、对目标函数无特殊要求、易于与其他优化算法相融合等特点，目前大多采用此法计算组合优化问题，并以求解城市旅行商问题（TSP）居多。在边坡工程中，运用蚁群算法可以搜索离散边坡的最优滑动面，将蚁群算法与遗传算法结合，可以改进蚁群算法，提高了搜索最危险滑动面的能力，形成时间效率和求解效率相对平衡的启发式算法。

（4）数值分析方法。随着计算机技术的飞速发展，开始出现全面满足静力许可、应变相容和材料本构关系，同时亦可不受边坡不规则的几何形状以及材料的不均匀性所约束的边坡稳定性分析方法，即数值分析方法。该数值分析方法主要包括：有限元法（其中有：常规有限元分析法、刚体有限元分析法、有限元强度折减法和自适应有限元分析法等）、拉格朗日元分析法。

有限元法是一种相当成熟的数值分析方法，在处理复杂的介质、结构、边界条件及荷载条件时最能显示出它的优越性。它可部分考虑边坡岩土体材料的非均质与不连续性，同时可给出岩土体所产生的应力、应变大小和分布，克服了极限平衡分析法中过于简化地将滑体视为刚体的缺陷，使我们可以近似地从岩土体应力应变的特征去分析边坡变形破坏的物理机制，分析最先、最容易发生屈服破坏。定量分析方法分为确定性分析法和不确定性分析法，其中确定性分析法主要包括极限平衡分析法和数值分析法；不确定性分析法主要包括灰色系统评价法、可靠度分析法、模糊综合评价法等。坏的部位与需首先进行加固的部位等。

FLAC（Fast Lagrangian Analysis of Continue）法（快速拉格朗日法）是人们根据有限差分法的原理，提出的一种能求解大变形问题，较有限元法能更好地考虑岩土体的不连续和大变形特性的一种数值分析方法。它的求解速度较快，但在计算边界、单元网格的划分却带有很大的随意性。FLAC-3D（三维的显式有限差分法程序分析软件）是一种显式时间差分解析法，它可模拟如岩土体或者金属等材料的三维力学行为，将计算区域按照一定准则划分为若干个六面体单元，而每个单元在既定的边界条件下服从规定的线性或者非线性本构关系，若单元应力令材料产生屈服或者产生塑性流动，那么单元网格及结构可以随着材料的变形而发生变形，这就是所谓的拉格朗日算法，这种算法非常适合于模拟大变形问题。

2. 不确定性分析法

（1）可靠度分析方法。

可靠度方法是边坡稳定分析中应用最广的不确定性方法。它充分考虑了影响安全系数的各个要素和变异性，通过对边坡系统的实地调查了解了各种因素不确定性的情况，如岩体的性状、地下水、荷载形式、破坏模式、计算模型等不确定因素，利用概率分析方法和可靠尺度指标评价边坡工程系统的安全度和质量情况。目前，工程结构可靠度的常用计算方法主要包括：一次一阶矩分析法（FOSM）、JC分析法、验算点分析法、蒙特卡罗分析法（MonteCarlo）、帕罗黑莫分析法（Paloheimo）等。

（2）灰色系统评价法。

灰色系统评价法是将边坡视为一个灰色系统，根据影响边坡稳定性的不确定性因素之间发展状态的相似或相异程序，利用灰色关联度分析原理，确定它们对边坡稳定性影响的程度和主次关系，从而对边坡的稳定进行分析评估。

（3）模糊综合评价法。

模糊综合评价理论是基于模糊变换原理和最大隶属度原则的应用，通过综合考虑相关所评事物或其属性的影响因素，给予等级或类别的评价结果。实践证明，该方法对于边坡稳定性多变量、多因素影响的分析有很好的效果。它能得到边坡稳定性等级的分类指标，并且根据指标来判断出边坡的稳定性情况。但是在实际操作过程中，对各个因素的权重分配多由经验确定，并没有考虑到各个影响要素，主观判断性较大。

（4）人工神经网络法。

人工神经网络是依据人脑结构的基本特征发展起来的一种信息处理体系或计算体系。它建立在一种非线性动力学系统的理论上，并且具有较强的非线性映射能力，即使数据之间的制约关系与数据的具体分布形式都不知道的情况下，它亦能进行非线性映射的功能。人工神经网络不但可自我学习现有的工程经验知识，而且可以在神经元的阈值与神经元间的连接权值中将学习的结果存储，当把新的工程案例输入到其中，网络将会运用其非线性映射能力，推断出启发式的分析结果。研究表明，神经网络对于岩土体边坡工程系统的分析领域具有其独特的优势。采用人工神经网络法，尽量多地利用各种影响因素充当输入变量，建立一种高度非线性映射模型（该模型是建立在各因素变量与边坡安全系数和变形量之间关系的基础上），然后再运用所建立的模型对边坡的安全性进行预测和评价。

第五节　岩质边坡稳定性分析与评价

岩质边坡稳定性分析与评价的方法主要分为定性分析和定量分析，定性分析方法主要有：自然（成因）历史分析方法、图解分析法、边坡稳定性数据库分析法和专家系统分析法等。目前工程实践中岩质边坡稳定性分析定量分析方法主要有两大类方法，一种是在边坡滑动面确定的情况下，根据滑裂面上抗滑力和滑动力比值直接计算安全系数。这类方法以极限平衡法最为经典，此外，关键块理论也属于这样的确定性分析方法。另外一种方法则是借助计算机进行数值分析（例如有限元、离散元、块体元和 DDA 等）从而确定边坡的位移场和应力场，再用超载法、强度折减法等使边坡处于极限状态，从而间接得到安全系数。这种方法同时可以考虑位移协调条件和岩体本构关系等。现将几种主要的岩石边坡的稳定性方法作简要叙述。

一、 赤平投影图解分析法

1. 极射赤平投影的定义

极射赤平投影简称赤平投影，主要用来表示线、面的方位，及其相互之间的角距关系和运动轨迹，把物体三维空间的几何要素（面、线）投影到平面上来进行研究，方法简便、直观，是一种形象、综合的定量图解。

2. 极射赤平投影的分析

各种结构面的组合关系，是岩质边坡稳定性分析中的重要因素。本书就分布有一组结构面的边坡稳定性作为进行论述，一组结构面的边坡稳定性比较简单，一般包括 3 种情况：当结构面走向与边坡的走向一致而倾向相反，如图 2-13（a）所示，边坡 *M* 与结构面 *J* 投影弧相对，属于稳定结构。当结构面与边坡的走向、倾向均相同，但其倾角小于坡角，如图 2-13（b）所示，结构面 *J* 的投影弧位于

边坡 M 的投影弧之外，属于不稳定结构。当结构面与边坡的走向、倾向均相同，但其倾角大于坡角，如图 2-13（c）所示，结构面 J 的投影弧位于边坡 M 的投影弧之内，属于稳定结构。

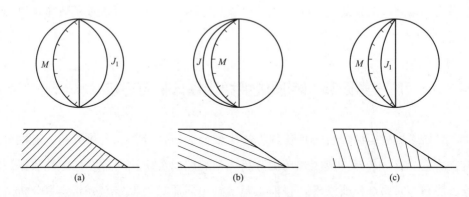

图 2-13　一组结构面的边坡稳定性

二、 极限平衡法

极限平衡理论是经典的确定性方法，具体做法是将滑动趋势范围内的边坡岩体按某种规则化为一个个小块体，通过块体的平衡条件来建立整个边坡的静力平衡方程，从而求解安全系数。其基本出发点是把岩块看作刚体，不考虑岩体应力应变关系，因此无法考虑边坡的变形与分布。

三、 数值分析法

数值分析方法主要包括有限单元法（FEM）、边界单元法（BEM）、离散单元法（DEM）以及不连续变形分析方法（DDA）等。由于岩质边坡工程所处的边界条件和地质环境复杂，加上岩体本身不连续性、不均匀性等特性，使得边坡工程问题十分复杂，而数值分析方法可以根据岩体的破坏准则，确定边坡的塑性区、拉裂和压碎区，可以得到岩质边坡的应力和位移场，可以模拟岩质边坡的开挖和支护，可以考虑地下水渗流、地震等因素对边坡稳定性的影响等，因此在岩质边坡稳定性分析中正发挥着越来越重要的作用。

有限单元法是目前使用最广泛的一种数值方法，在边坡稳定评价中也是应用最早的方法之一。有限元法分析边坡稳定性的步骤通常是首先算出边坡内每个单元的应力，然后根据整个滑裂面的抗剪强度与实际产生的剪应力之比来求得安全系数。

离散单元法在反映岩块之间接触面的滑移，分离与倾翻等大位移的同时，又能计算岩块内部的变形与应力分布。该法经后人的进一步发展，在解决离散的、非连续的问题方面有着极其广泛应用范围与发展前途，并成为非连续介质问题研究中的一个重要方法。该法对块状结构、层状破裂或一般破裂结构岩体边坡比较合适，特别适用于节理岩体的大位移、大变形的分析。

DDA 法是基于岩体介质、非连续性发展起来的一种崭新的数值分析方法，很好地解决了岩体出现的大变形和大位移问题。DDA 法假设岩体是由许多节理裂隙所切割形成的形状各异的块体所组成的不连续系统，而该系统按照最小势能原理，对势能泛函取最小值得到平衡方程，因此该法的理论体系是非常严格的。由于该方法允许块体间的相对运动，所以必须满足连续和不连续材料的物理定律。此法的计算网格和岩体物理网格相一致，从而可以反映岩体材料连续与不连续的具体位置、部位。它考虑坡体变形的不连续性与同时也考虑了时间因素，可计算静力、动力问题。它还可以计算破坏前的微小位移，也可以计算破坏后大变形位移，如崩塌、滑动、爆破等位移情况，因此该法特别对块状的岩体结构稳定性和变形破坏发生模式的定性评估特别具有适用性。

流形元分析法在处理连续和非连续介质耦合问题上有较好的适用性，特别适用于岩石材料。界面应力元分析法可描述界面的连续、开裂和滑移等变形情况，既可以直观地跟踪节理岩体开裂扩展的过程，又可方便地考虑水对节理面渗流作用的影响，它不须进行网格重新剖分，即可分析应力场与渗流场的耦合作用。

四、 其他方法

由于岩质边坡形态的复杂性，确定性计算方法不能概括其复杂性，因此发展了许多不确定性分析方法。目前主要的不确定性方法包括可靠度方法、模糊数学法、人工智能法和灰色预测系统法等几种。由于边坡分析中有许多不确定性因素，使得边坡的安全系数受到人为经验的制约。可靠度方法随机变量的取值除了重度、黏聚力和内摩擦角外，同时考虑弹模、泊松比、剪胀角和侧压力系数的影响。可靠度研究是一个系统的整体设计，需要研究子系统部分和积累资料。由于设计公式本身往往有较大误差，可靠度法目前没有得到广泛研究。

应用系统科学、人工智能、神经网络和模糊数学等新兴学科理论，综合研究岩质边坡工程体统的不确定性和工程经验，发展出一套智能力学方法可能是解决复杂岩质边坡工程设计问题的一条有效途径，但是由于基础研究难度大，一些基本原则受基本经验确定主观性大等因素的制约，不确定性分析仍然处于探索阶段，目前还没有在实际工程中普遍应用。

第六节 岩土组合边坡稳定性分析与评价

岩土组合边坡是指在工程中常见的上部由土和岩石全风化层组成，下部由岩石组成的边坡。岩土组合边坡一般具有多种破坏模式，稳定性评价不仅要考虑上部土层发生滑动的可能性，也要分析岩体沿结构面发生滑动的可能性。因此，这类边坡往往具有更大的复杂性，对岩土组合边坡失稳破坏机制、岩土体力学参数、稳定性评价方法都缺乏深入了解。

为了对此类岩土组合边坡进行合理、准确的稳定性计算和评价，首先必须对边坡的结构特征、破坏模式、影响因素和破坏机制进行分析。岩土组合边坡由于其特殊的物质组成和结构特征，在边坡破坏模式、破坏机制、稳定性分析评价等方面都有其自身的特征，边坡上覆土质边坡和下伏岩质边坡即相互独立，又相互关联。

岩土组合边坡有着极其复杂特殊的性质，分析其变形破坏时应先研究岩质边坡的稳定性，然后在分析土质边坡的稳定性，组合边坡因为其特殊性极有可能发生复杂的变形破坏模式，例如，土质物质沿着组合面接触滑动破坏、以基岩内部的软弱夹层为滑动面发生滑动等，通过对岩土组合边坡破坏模式的分析研究可知，组合边坡破坏时，土、岩层有着相互的联系和独立性，因此可以得出岩土组合边坡主要有以下几种变形破坏模式：上部图层滑动的破坏模式、上部土层沿着接触面发生的滑动模式、边坡沿基岩结构面破坏模式、上部土层沿岩土接触面破坏模式，其采用的基本方法与本章第四节与第五节土质边坡、岩质边坡的稳定性分析方法相同。

山区输电线路边坡加固技术

第一节　锚固工程加固技术

一、锚固工程加固技术特点

（一）锚固工程的实际应用

岩土工程所面临的对象是复杂的地质体，这些复杂的地质体在漫长的地质年代里，由于经历了地质构造运动、自然风化和人类活动的作用，其中包含大量诸如层理、节理、断层、软弱夹层、溶沟、溶槽等各种地质缺陷。它们在一定的时间内和一定的条件下，可能处于相对稳定的平衡状态。但如果条件改变，原来的平衡状态就有可能遭到破坏，比如在岩土工程开挖和施工过程中，其原有应力场会重新分布，从而使岩土体发生变形，进而产生坍塌、塌陷、岩崩、滑坡、地面沉降等地质灾害。为预防和治理此类地质灾害，工程中常将一种受拉杆件置入岩土体，用以调动并提高岩土的自身强度和自稳能力。这种受拉杆件工程上称为锚杆（索），它所起的作用就是锚固。以应用数学、力学和工程材料等科学知识来解决岩土工程中的锚固设计、计算、施工和监测等方面问题的技术和工艺就称为锚固工程。

在各种土木建筑工程使用锚固技术距今已有90多年的历史。美国于1912年首先在煤矿使用锚杆支护顶板，而我国在20世纪50年代后期也先后在京西矿务局安淮煤矿、河北龙烟铁矿、湖南湘潭锰矿等单位开始使用楔缝式岩石锚杆支护矿山巷道。几十年来，随着我国改革开放后工程建设项目不断增加，岩土锚固技术也得到了突飞猛进的发展，理论研究也取得了一定的进展，国内不少单位采用理论分析、模型试验、现场测试等方法，研究岩土工程锚杆的作用机理、加固效果以及相应的设计计算方法，为复杂地层中的锚杆设计与施工提供理论依据。与此同时，国家和有关部门颁布了相应的锚杆设计与施工规范。所有这些都表明我国岩土锚固技术正稳步向定量化、科学化和规范化方向迈进，也为该项技术在土木工程各个领域中推广应用打下了坚实基础，概括起来锚固工程目前在如下领域都有着广泛而成熟的应用。

（1）深基础和地下结构工程支护。主要用于深基坑支挡、局层建筑地下室抗浮、地下结构工程支护与加固等。

（2）边坡稳固工程。主要有边坡加固、边坡防护、锚固挡墙和滑坡防治等。

（3）结构抗倾覆应用。如防止高塔倾倒、防止高架桥倾倒、防止坝体倾倒、防止挡土墙倾覆等。

（4）在加压装置中的应用。如桩的静荷载试验装置、沉箱下沉加重等。

（5）井巷及隧道工程支护。主要是用来防止隧道（井巷）围岩坍塌和控制隧道（井巷）围岩变形等。

（6）道梁基础加固。如防止桥墩基础滑动、悬臂桥锚固、吊桥桥墩锚固、大型结构物稳固等。

（7）现有结构物补强与加固。主要是指利用锚固技术对已产生裂缝、变形和坏的现有结构物进行加固治理。

（8）其他工程方面的应用。如对水坝下游冲击区和排洪隧洞冲击区实施锚固保护等。

（二）锚固工程的特点

作为应用领域最为广泛的支护方式之一，锚固工程已成为岩土工程领域的重要分支，采用锚固技术可以充分发挥岩土体的自稳能力，提高岩土体的强度，有效控制岩土工程防止变形。岩土锚固技术已经成为提高岩土工程稳定性和解决复杂岩土工程问题最经济有效的方法之一，其主要特点如下：

（1）与岩土体共同工作。这是锚固技术的最大特点，锚固技术具有柔性可调性，能够充分发挥岩土体自身强度和自承能力，与岩土体共同作用。

（2）岩土体开挖后能立即提供抗力，且可施加预应力，控制变形发展，提高施工过程的安全性。

（3）自重小。大大减轻结构的自重，节省工程材料。

（4）深层加固。预应力锚索的长度，可根据工程需要确定，加固深度可达数十米。

（5）主动加固。通过对锚杆施加预应力，能够主动控制岩土体变形，调整岩土体应力状态，有利于岩土体的稳定性。

（6）及时补强，应用范围广。喷射混凝土、锚杆、预应力锚索等，都可以根据反馈信息随现场实际情况增加喷层厚度，增加锚杆、锚索数量，调整锚索的张拉预应力等，以增强对围岩变形的控制，这就是锚固技术的随机补强特点。另外，岩土锚固既可对有缺陷或存在病害的既有建筑物、支挡结构进行加固补强，又可在新建工程中显示其独特的功能，具有应用范围广的特点。

（7）超前预支护。超前预加固技术，能超前、超长对不稳定岩土体进行预先支护，既能控制围岩在开挖（或掘进）时的变形与位移，又能防止不稳定岩体坍塌破坏，保证施工安全。

（8）施工快捷灵活。采用机械化作业，具有工艺灵巧、施工进度快、工期短、施工安全等特点，用于应急抢险更具有独特优势。

（9）可与其他结构物组合使用。例如锚拉桩，锚杆挡土墙。

（10）经济性好。

由于山区输电线路的杆塔大多只能选址于荒郊野外的山坡，所以山区输电线路边坡支护工程普遍存在着许多不同于其他领域支护工程的特点及难点，如交通条件差，小运距离往往以公里记，施工材料运输成本居高不下；高压铁塔多位于山坡中上部，支护体系需自重轻，否则可能引发次生滑塌；巡视周期长，不能及时发现隐患，可能发现隐患时已濒临破坏，即要求施工周期必须短，及时提供抗力；此外，山区输电线路边坡的勘察往往因边坡规模较小、时间较紧、钻探运输成本较高而采用地质调查为主，存在着施工期发现地质情况变化的风险，所以需要便于增减工程量的支护技术。而锚固技术的优点较其他支护技术能更好地契合上述特点及难点，即锚固体系自重较轻，所需施工材料较少，经济性较好、施工简便、周期较短，施工期就能及时产生一定的抗力，在动态化施工过程中更便于调整方案和工程量。鉴于其上述诸多优点，锚固技术在电力建设领域也获得了大量的应用，尤其是山区输电线路边坡加固工程中更有着不可比拟的优势。

二、 锚固体系的结构构造、 原理及分类

工程中所指的锚杆，通常是对受拉杆件所处的锚固系统的总称。它由锚固体（或称内锚头）、锚（拉）杆及锚头（或称外锚头）三个基本部分组成，如图 3-1 所示。其各部分的功用如下。

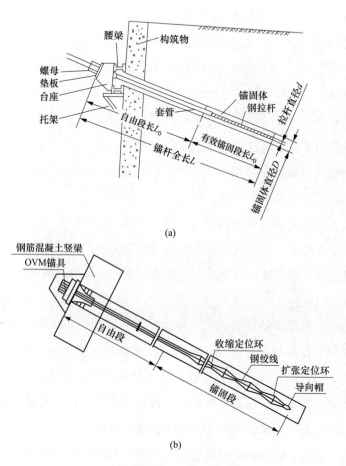

(a)

(b)

图 3-1　锚（索）杆体系的组成

（a）锚杆体系示意图；（b）预应力锚索体系示意图

（一）锚（拉）杆

锚杆中的拉杆要求位于锚杆装置中的中心线上，其作用是将来自锚头的拉力传递给锚固体。由于拉杆通常要承受一定的荷载，所以它一般采用抗拉强度较高的钢材制成。在预应力锚杆中，拉杆分为锚段和自由段，在张拉时，通过自由段的弹性伸长而在拉杆中产生预加应力。对于普通的全黏结锚杆，由于

不需要施加预应力，也就没有锚固段和自由段之分。目前常用的锚（拉）杆材料主要有钢筋、钢绞线和非金属材料。

在实际工作中，锚（拉）杆的选择通常遵循以下原则：在设计大吨位抗拔力的锚杆时，优先考虑采用钢绞线。它的强度高，用量少，质量轻，便于安装和运输。在设计中等吨位（400kN左右）抗拔力锚杆时，可选用精轧螺纹钢。它具有强度高、安装方便等优点。在设计较小吨位（小于300kN）的非预应力锚杆时，可优先考虑Ⅱ级或Ⅲ级钢筋。如果环境条件恶劣，对锚杆防腐有特殊要求时，可考虑采用碳纤维或聚合物等防腐性能好的新型材料作为锚（拉）杆。

（二）锚固体

锚固体在锚杆的尾部，与岩土体紧密相连。它的功用是将来自拉杆的力通过摩阻抵抗力（或支承抵抗力）传递给稳固的地层。在岩土锚固工程中，锚固体的可靠性直接决定着整个锚固工程的可靠程度。因此，锚固体的设计是否合理将是锚杆支护的关键，它关系到锚固工程的成败。而内锚头装置的好坏，不能单纯从接合的破坏原理来判断，更主要的是从锚固装置是否适应该地层来决定。

锚固体通常采用注浆工艺制成。目前常用的注浆工艺有一次常压注浆和二次压力注浆。一次常压注浆是浆液在自重作用下充填铺杆孔。二次压力注浆是在一次注浆初凝后开始进行二次加压注浆，或者在锚杆锚固段起点处设置止浆装置，实施多次注浆。注浆材料通常用水泥浆，也可以采用合成树脂。与水泥浆相比，合成树脂成本要高得多。

除了注浆的方式外，还可以采用工厂预制好的快硬水泥卷或树脂卷来制作锚固体。首先把树脂卷或预先浸水的快硬水泥卷送入孔底，随即插入锚杆杆体，然后搅拌30~60s，待凝固后施加预应力。这种锚杆的特点是能在开挖后及时施加预应力，施工质量易保证。

（三）锚固头

锚固头是构筑物与拉杆的联结部分，是对结构物施加预应力，实现锚固的关键之一。锚固头主要由台座、承压垫板和紧固器三部分组成。台座由钢筋混凝土或钢板做成，它主要用于调整和承受锚杆拉力，并能固定锚杆位置，防止其横向滑动与有害的变位。承压板可使紧固器与台座的接触面保持平顺，实线拉杆的集中力分散传递，因此要求承压板与拉杆必须正交。承压垫板一般采用

20～40mm 厚钢板。紧固器的作用是通过紧固作用将锚杆与垫板、台座、构筑物紧贴并牢固联结。锚杆如果采用粗钢筋，则用螺母或专用的联结器进行紧固。当采用预应力钢绞线（预应力锚索）时，锚具、张拉机具等都有成熟的配套产品。

由于锚杆直接联系的对象是复杂多变的岩土体，加之锚杆埋在岩土体中，这给锚杆的力学行为及锚固作用原理的观测和研究带来极大的困难。现有的多数有关锚杆支护作用和效果的试验都是在限定条件下和理想化的基础上进行的。因此，目前对锚杆锚固原理的了解还不够深入，但以下几种锚固作用机理是得到了工程和理论界的普遍认同的。

1. 悬吊作用理论

悬吊作用理论认为，锚杆支护是通过锚杆将软弱、松动、不稳定的岩土体悬吊在深层稳定的岩土体上，以防止其离层滑脱。这种作用在地下结构锚固工程中，表现得尤为突出，如图 3-2 所示。起悬吊作用的锚杆，主要是提供足够的拉力，用以克服滑落岩土体的重力或下滑力，来维持工程稳定。

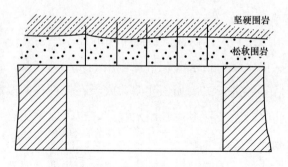

图 3-2　锚杆的悬吊作用

2. 组合梁作用原理

组合梁作用是把薄层状岩体看成一种梁（简支梁或悬臂梁）。在没有锚固时，它们只是简单地叠合在一起。由于层间抗剪力不足，在荷载作用下，单个梁将产生各自的弯曲变形，上下缘分别处于受压和受拉状态［见图 3-3（a）］。若用螺栓将它们紧固成组合梁，各层板便相互挤压，层间摩擦阻力大为增加，内应力和挠度大为减小，于是增加了组合梁的抗弯强度［见图 3-3（b）］。当把锚杆理入岩土体一定深度，相当于将简单叠合数层梁变成组合梁，从而提高了地层的承载能力。锚杆提供的锚固力越大，各岩土层间的摩擦阻力也就越大，组合梁整体化程度越高，其强度也越大。

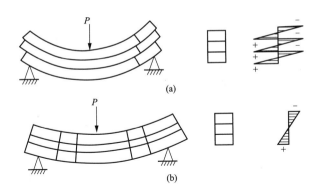

图 3-3　组合梁前后的挠度及应力对比

3. 挤压加固作用原理

挤压加固作用原理，有的称为组合理论，由兰格（T. A/Lang）通过光弹试验证实了锚杆的挤压作用。当他在弹性体上安装具有预应力的锚杆时，发现在弹性体内便形成以锚杆两头为顶点的锥形体压缩区，若将锚杆以适当间距排列，使相邻锚杆的锥形体压缩区相重叠，便形成一定厚度的连续压缩带（见图 3-4）。

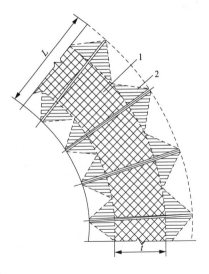

图 3-4　连续压缩带的形成

1—连续压缩带；2—锥形体压缩区

上述锚杆的锚固作用原理在实际工程中并非孤立存在，往往是几种作用同时存在并综合作用，只不过在不同地质条件下某种作用占主导地位罢了。

为满足不同地质条件、不同岩土性质和不同工况条件下的工程结构的需要，人们研制了各种各样的锚杆，于是衍生出了各种类型的锚固技术和方法。工程上常按如下方法归类：

（1）按应用对象划分：有岩石锚杆、土层锚杆。

（2）按是否预先施加应力划分：有预应力锚杆、非预应力锚杆，如图 3-5 所示。

（3）按锚固机理划分：有黏结式锚杆、摩擦式锚杆、端头锚固式锚杆和混合式锚杆。

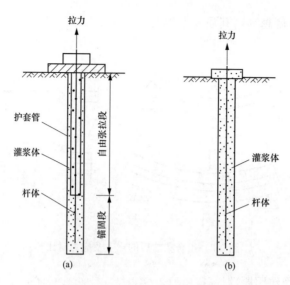

图 3-5　预应力锚杆和非预应力锚杆结构构造

(a) 预应力锚杆；(b) 非预应力锚杆

（4）按锚固体传力方式划分：有拉力式锚杆、压力式锚杆，如图 3-6 所示。

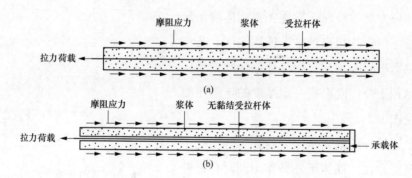

图 3-6　拉力型锚杆和压力型锚杆结构示意图

(a) 拉力式锚杆；(b) 压力式锚杆

（5）按锚固体形态划分：有圆柱型锚杆、端部扩大型锚杆和连续球型锚杆。

（6）按复合程度划分：有单孔单一锚固和单孔复合锚固（如压力分散性锚杆）。

除了上述传统分类的锚杆外，目前该技术发展的还有可回收（拆芯）锚杆（见图 3-7）、自钻式（自进式）锚杆、中空注浆锚杆、缝管锚杆等。

此外，锚杆也常与格构梁、挂网喷浆或植被护坡配合使用，也可与挡墙、抗滑桩等组合成锚杆挡墙、锚拉式抗滑桩等支挡结构。

48

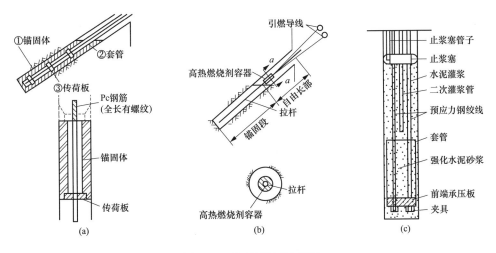

图 3-7　可回收锚杆示意图

（a）机械式可回收锚杆；（b）化学式可回收锚杆；（c）力学式可回收锚杆

三、　锚杆的设计

　　锚杆的设计应在岩土工程勘察的基础上进行。设计时应充分考虑与锚杆使用目的相适应的安全性、经济性和可操作性，并使其对周围构筑物等不产生有害的影响。锚杆设计主要包括锚杆的配置、锚杆长度的确定、锚杆设计拉力的确定、锚杆预应力筋的设计、锚杆锚固体的设计以及锚杆与结构物的整体性验算等。

　　（一）锚杆的规划和设置

　　1. 单根锚杆设计拉力的确定

　　单根锚杆的设计拉力需根据施工技术能力、岩土层分布情况等综合确定。以前锚杆以较大孔径、较高承载力为主，但施工机械要求高，施工难度大，可靠性差。若有施工质量问题时，补强施工难度大。因此，单根锚杆的设计拉力不宜过高。设计拉力较高时宜选用单孔复合锚固型锚杆、扩孔锚杆等受力性能较好的锚杆。

　　锚杆的轴向拉力标准值和设计值可按下式计算：

$$N_{ak} = \frac{H_{tk}}{\cos\alpha} \tag{3-1}$$

$$N_a = r_Q N_{ak} \tag{3-2}$$

式中　N_{ak}——锚杆轴向拉力标准值，kN；

N_a——锚杆轴向拉力设计值，kN；

H_{tk}——锚杆所受水平拉力标准值，kN；

α——锚杆倾角，(°)；

r_Q——荷载分项系数，可取 1.30，当可变荷载较大时应按现行规范确定。

2. 锚固体设置间距

锚杆锚固体的设置间距取决于锚固力、锚固体直径和锚固长度等因素。如果锚固体间距设计过大，单根锚杆设计拉力就要相应增大；如果间距太小则会产生群锚效应。销杆的极限抗拔力会因为群锚效应而减小。

3. 锚杆倾角

锚杆水平分力随锚杆倾角的增大而减小，同时作用于支护结构上的垂直分力相应增大。为有效利用锚杆抗拔力，最好使锚杆与侧压力作用方向平行，但较难做到这一点。通常情况下，锚杆采用水平向下15°～25°倾角，不能大于45°。锚杆倾角的具体设置与可锚岩土层的位置、挡土结构的位置及施工条件等因素有关。此外，锚杆倾角还应避开与水平面夹角为-10°～10°这一范围。因为倾角接近水平的锚杆注浆后灌浆体会出现沉淀和沁水现象，从而影响锚杆的承载能力。

（二）锚杆自由段长度的确定

锚杆自由段是锚杆杆体不受注浆固结体约束可自由伸长的部分，也就是杆体用套管与注浆固结体隔离的部分。锚杆自由段长度应超过理论滑动面。自由段长度越长，预应力损失越小，锚杆拉力越稳定。自由段长度越短，锚杆张拉锁定后的弹性伸长较小，锚具变形、预应力筋回缩等因素引起的预应力损失越大。如果铺杆的自由长度过短，则会使锚固体的应力直接通过过薄的地层作用于被锚固的结构物上，且由于地层抗剪力小、垫墩荷载损失等原因，会使锚杆的抗拔力减小。因此，锚杆自由段长度必须使锚杆锚固于比破坏面更深的稳定地层中。在实际工程设计时，如计算的自由段较短，宜适当增加其长度。

我国 JGJ 120《建筑基坑支护技术规程》给出了锚杆非锚固段长度计算方法（见图 3-8）。

$$l_f \geqslant \frac{(a_1 + a_2 - d\tan\alpha)\sin\left(45° - \frac{\varphi_m}{2}\right)}{\sin\left(45° + \frac{\varphi_m}{2} + \alpha\right)} + \frac{d}{\cos\alpha} + 1.5 \tag{3-3}$$

式中 l_f——锚杆自由段长度，m；

    α——锚杆的倾角，(°)；

    a_1——锚杆的锚头中点至基坑底面的距离，m；

    a_2——基坑底面至挡土构件嵌固段上基坑外侧主动土压力强度与基坑内侧被动土压力强度等值点 O 的距离；对多层土底层，当存在多个等值点是应按其中最深处的等值点计算，m；

    d——挡土构件的水平尺寸，m；

    φ_m——O 点以上各土层按厚度加权的内摩擦角平均值，(°)。

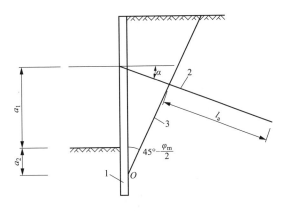

图 3-8　理论直线滑动面锚杆的非锚固段长度计算示意图

此处锚杆的非锚固段是理论滑动面以内的部分，与锚杆自由段有所区别。锚杆自由段应超过理论滑动面（大于非锚固段长度）。锚杆自由长度不宜小于 5m，并应超过潜在滑裂面 1.5m。

（三）锚杆拉筋的设计

锚杆拉筋的设计主要是确定所用材料的规格和截面面积。

长度在 15m 以内的短锚杆或较短锚杆，都可以使用普通钢筋或高强度精轧螺纹钢筋。对于长度大于 15m 以及设计承载力较高的预应力锚杆的杆体材料，应优先选用钢绞线或钢丝。

钢绞线或钢丝与钢筋相比，具有如下优点：①通常要比钢筋有高得多的抗拉强度，因而用作锚杆筋材可以大大降低用钢量；②达到屈服点时所产生的延伸量也比普通钢筋产生的延伸量大得多；③由于地层徐变，出现预应力损失的现象较少；④便于运输和安装，不受狭窄空间的限制。

锚杆截面设计通常有两种方法：一种是安全系数法，我国 1990 年颁布的

《土层锚杆设计施工规范》（CECSZZ：1990）和铁路规范等行业规范，以及国外设计标准和设计指南大都采用这种方法；另一种是极限状态设计法，不再采用统一安全系数"K"，而改为采用体现工程安全等级、支护结构工程重要性系数、轴向受力抗拉分项系数的设计方法。如 GB 50330《建筑边坡工程技术规范》，锚杆截面面积应按下式设计。

普通钢筋锚杆：

$$A_s \geqslant \frac{K_b N_{ak}}{f_y} \tag{3-4}$$

预应力锚索锚杆：

$$A_s \geqslant \frac{K_b N_{ak}}{f_{vy}} \tag{3-5}$$

式中 A_s——锚杆钢筋或预应力锚索截面面积，m^2；

f_y，f_{vy}——普通钢筋或预应力钢绞线抗拉强度设计值，kPa；

K_b——锚杆杆体抗拉安全系数，应按表 3-1 取值。

N_{ak}——锚杆轴向拉力标准值，kN。

表 3-1　　　　　　　　　　锚杆杆体抗拉安全系数

边坡工程安全等级	安全系数	
	临时性锚杆	永久性锚杆
一级	1.8	2.2
二级	1.6	2.0
三级	1.4	1.8

（四）锚杆锚固体的设计

锚杆的承载力主要取决于锚固体的抗拔力。锚固体的抗拔力要求在受力情况下产生的位移不超过允许值。对于一般的临时支护，允许有一定量的位移，锚杆的抗拔力主要由稳定破坏控制；对于有严格变形要求的结构，锚杆的抗拔力主要由变形控制。因此，为锚杆提供承载力的锚固体应满足以下四个条件：①锚拉杆本身必须有足够的截面面积（A_s）；②砂浆与锚拉杆之间的握裹力应能承受极限拉力；③锚固段地层对砂浆的摩擦力应能承受极限拉力；④锚固土体在最不利的条件下，能保持整体的稳定。

对于第②和第③个条件需要作一些说明：对于土层中的锚杆，锚杆杆体与锚固体之间的锚固力一般高于锚固体与土层间的锚固力，锚杆的破坏主要受土层的抗剪强度控制。因此，土层锚杆的最小锚固长度将受土层性质的影响。对于岩层中的锚杆，硬质岩中锚固端的破坏可发生在锚杆杆体与锚固体之间，而极软岩的软质岩中的锚固破坏一般发生在锚固体与岩层之间。因此，岩层锚杆的最小锚固长度将受岩石与锚固体以及锚固体与锚杆之间的强度控制。

锚杆锚固长度的确定可以采用极限状态法。根据 GB 50330《建筑边坡工程技术规范》有：

（1）锚杆锚固体与地层的锚固长度应满足下式要求：

$$l_a \geqslant \frac{KN_{ak}}{\pi \cdot D \cdot f_{rbk}} \tag{3-6}$$

式中　K——锚杆锚固体抗拔安全系数，按表 3-2 取值；

　　　l_a——锚杆锚固段长度，m；

　　　f_{rbk}——岩土层与锚固体极限黏结强度标准值，kPa，应通过试验确定当无试验资料时，可按表 3-3 和表 3-4 取值；

　　　D——锚杆锚固段钻孔直径，mm。

表 3-2　　　　　　　　　　岩土锚杆锚固体抗拔安全系数

边坡工程安全等级	安全系数	
	临时性锚杆	永久性锚杆
一级	2.0	2.6
二级	1.8	2.4
三级	1.6	2.2

表 3-3　　　　　　　　　　岩石与锚固极限黏结强度标准值

岩石类别	f_{rbk} 值（kPa）
极软岩	270～360
软岩	360～760
较软岩	760～1200
较硬岩	1200～1800
坚硬岩	1800～2600

注　1. 适用于注浆强度等级为 M30。
　　2. 仅适用于初步设计，施工时应通过试验检验。
　　3. 岩体结构面发育时，取表中下限值。
　　4. 岩石类别根据天然单轴抗压强度 f_r 划分：$f_r<5MPa$ 为极软岩，$5MPa \leqslant f_r<5MPa$ 为软岩，$15MPa \leqslant f_r<30MPa$ 为较软岩，$30MPa \leqslant f_r<60MPa$ 为较硬岩，$f_r \geqslant 60MPa$ 为坚硬岩。

表 3-4　　　　　　　　　**土体与锚固体极限黏结强度标准值**

土层种类	土的状态	f_{rbk} 值（kPa）
黏性土	坚硬 硬塑 可塑 软塑	65～100 50～65 40～50 20～40
砂土	稍密 中密 密实	100～140 140～200 200～280
碎石土	稍密 中密 密实	120～160 160～220 220～300

　　注　1. 适用于注浆强度等级为 M30。
　　　　2. 仅适用于初步设计，施工时应通过试验检验。

　　（2）锚杆钢筋与锚固砂浆间的锚固长度应满足下列要求：

$$l_a \geqslant \frac{KN_{ak}}{n\pi d f_b} \tag{3-7}$$

式中　l_a——锚杆锚固段长度，m；

　　　d——锚筋直径，m；

　　　n——杆体（钢筋、钢绞线）根数；

　　　f_b——钢筋与锚固砂浆间的黏结强度设计值，kPa，应由试验确定，当缺乏试验资料时，可按表 3-5 取值。

表 3-5　　　　　　　**钢筋、钢绞线与砂浆之间的黏结强度设计值**

锚杆类型	水泥浆或水泥砂浆强度等级		
	M25	M30	M35
水泥砂浆与螺纹钢筋间的黏结强度设计值	2.10	2.40	2.70
水泥砂浆与钢绞线、高强钢丝间的黏结强度设计值	2.75	2.95	3.40

　　注　1. 当采用二根钢筋点焊成束的做法时，黏结强度应乘 0.85 折减系数。
　　　　2. 当采用三根钢筋点焊成束的做法时，黏结强度应乘 0.75 折减系数。
　　　　3. 成束钢筋的根数不应超过三根，钢筋截面总面积不应超过钻孔面积的 20%。当锚固段钢筋和注浆材料采用特殊设计，并经试验证锚固效果良好时，可适当增加锚筋用量。

　　需要说明的是，锚杆设计时宜先通过计算确定锚杆钢筋的截面面积，然后再根据选定的锚杆确定锚固长度。土层锚杆的锚固长度一般由式（3-6）确定；岩石锚杆的锚固长度应分别按式（3-6）和式（3-7）计算，取其中大值。同时，土层锚杆的锚固段长度不应小于 4m，且不宜大于 10m；岩石锚杆的锚固段长度不应小于3m，且不宜大于45D和6.5m，或55D和8m（对预应力锚索）；位于软质岩中的预应力锚索，可根据地区经验确定最大锚固长度。当计算锚固段长度超过上述数值时，应采取改善锚固段岩体质量、改变锚头构造或扩大锚固段直径等技术措施，提高锚固力。

第二节　支挡工程加固技术

一、支挡工程特点及分类

支挡结构是指用于支撑（护）或抵挡岩土体以保持其稳定的构筑物。这里所说的岩土体主要指不稳定的或欠稳定的边坡（包括人工填土边坡）、基坑的坑壁等。边（滑）坡通常用挡土墙或抗滑桩等进行支挡，而基坑开挖则需要采取支护措施以保持坑壁的稳定。本书主要介绍边（滑）坡支挡结构，其主要支挡结构类型如下：

（一）挡土墙

挡土墙是用来支撑天然斜坡、挖方边坡或人工填土边坡的构造物，以保持墙后土体的稳定。挡土墙各部位的名称如图3-9所示，与被支承土体直接接触的部位称为墙背；与墙背相对，临空的部位称为墙面。与地基直接接触的部位称为基底；与基底相对，墙的顶面称为墙顶。基底的前端称为墙趾；基底的后端称为墙踵。墙背与竖直面的夹角称为墙背倾角（α），

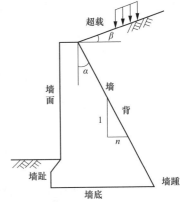

图3-9　挡土墙各部位名称示意图

工程中常用单位墙高与其水平长度之比表示（$1:n$）。墙踵到墙顶的垂直距离称为墙高（H）；墙背填土表面与水平面的夹角称为地面倾角（β）；墙背与填土间的摩擦角称为墙背摩擦角（δ）；墙背填土表面的荷载称为超载。

挡土墙根据其刚度不同，可分为刚性挡土墙和柔性挡土墙；根据墙体材料不同，可分为砖砌挡土墙、石砌挡土墙、混凝土挡土墙、钢筋混凝土挡土墙和钢板挡土墙等。根据墙的结构形式和受力特点，可分为重力式挡土墙、悬臂式挡土墙和扶壁式挡土墙等。

重力式挡土墙是靠墙身自重支撑土压力维持稳定的结构形式。一般多用片（块）石砌筑，形式简单，施工方便，可就地取材，被广泛采用。但是，由于其体积和质量都大，不适宜在软弱地基和较陡的山坡中上部上修建。根据墙背坡度不同，重力式挡土墙可分为仰斜、俯斜、直立、凸形和衡重式五种类型（见图 3-10）。

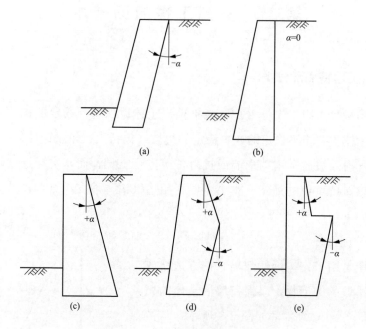

图 3-10　重力式挡土墙墙背形式

（a）仰斜式；（b）垂直式；（c）俯斜式；（d）凸折式；（e）衡重式

悬臂式挡土墙是由立壁、墙趾板、墙踵板三个钢筋混凝土悬臂构件组成的挡土墙，见图 3-11（a）。悬臂式挡土墙构造简单、施工方便，能适应较松软的地基，墙高一般在 6～9m（各行业标准不尽相同，下同）。当墙高较大时，立壁下部的弯矩较大，钢筋与混凝土的用量剧增，影响这种结构形式的经济效果，此时可采用扶壁式挡土墙。

扶壁式挡土墙是沿悬臂式挡土墙的立臂，每隔一定距离加一道扶壁，将立壁与墙踵板连接起来的挡土构筑物，见图 3-11（b）。适用 6～12m 高的填方边坡，可有效防止填方边坡的滑动。墙踵板上的土体重力可有效抵抗倾覆和滑移，立壁和扶壁共同承受土压力产生的弯矩和剪力，相对悬臂式挡土墙受力好。它的主要特点是构造简单、施工方便，墙身断面较小，自身质量小，可以较好地发挥材料的强度性能，能适应承载力较低的地基。它适用于缺乏石科的地区，但需耗用一定数量的钢材和水泥。

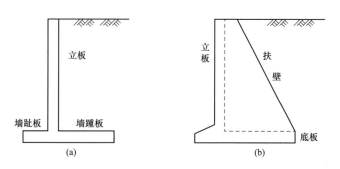

图 3-11　悬臂式与扶壁式挡土墙

（a）悬臂式；（b）扶壁式

（二）抗滑桩

抗滑桩是一种大截面侧向受荷桩。它通过深入到滑床内部的桩柱，来承受滑体的滑动力，起稳定滑坡的作用，适用于浅层和中厚层滑坡，如图 3-12 所示。抗滑桩的作用机理是依靠桩与桩周岩、土体的共同作用把滑坡推力传递到稳定地层，利用稳定地层的锚固作用和被动抗力来平衡滑坡推力，从而改善滑坡状态，促使其向稳定转化。抗滑桩与其他滑坡治理措施相比，具有抗滑力大、圬工小、位置灵活、施工对滑坡稳定性影响小等优点。

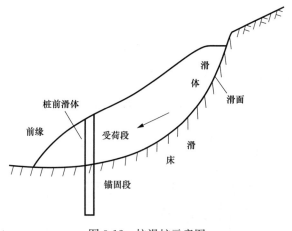

图 3-12　抗滑桩示意图

（三）加筋土挡墙

加筋土挡墙是在土中加入拉筋以形成复合土的一种支挡结构物。它是由基础、墙面板、幅石、拉筋和填料等几部分组成的复合结构，如图 3-13 所示，依靠填料与拉筋之间的摩擦力来平衡墙面板所承受的水平土压力，并由复合结构抵抗拉筋尾部填料所产生的土压力，形成类似于重力式挡土墙的土墙。加筋土挡墙是一种轻型支挡结构物，具有对地基要求低、施工简便、污工量少、投资省、外形美观等优点，一般用于地形较为平坦且宽敞的填方地段。

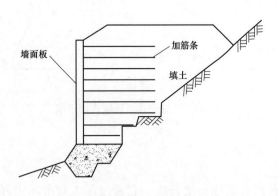

图 3-13　加筋土挡墙示意图

（四）锚定板挡土墙

锚定板挡墙由墙面、拉杆、锚定板以及填充于墙面和锚定板之间的填土工图组成，如图 3-14 所示。拉杆及其端部的锚定板均埋设在回填土中，其抗拔力来源于锚定板前填土的被动抗力。整个结构形成一个类似于挡土墙的结构形式。根据墙面结构形式的不同，可分为柱板式和壁板式两种。锚定板挡土墙具有构件断面小、结构轻、柔性大、占地少、圬工省、造价低等优点，适用于 6～12m 的非饱和土和非浸水条件的高填方边坡，是一种柔性挡土墙。锚定板挡土墙依靠填土与锚定板接触面上的侧向承载力以维持结构的平衡，不需要利用钢拉杆与填土之间的摩擦力，这是它与锚杆挡墙的最大区别。

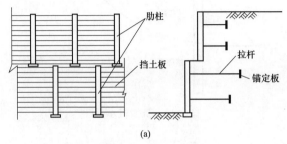

(a)

图 3-14　锚定板挡土墙示意图（一）

（a）柱板式

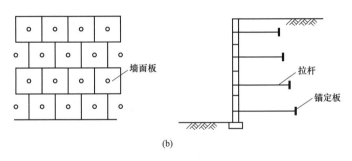

(b)

图 3-14　锚定板挡土墙示意图（二）

（b）壁板式

（五）锚杆挡墙

锚杆挡墙是依靠锚固在岩土层中的锚杆与地层间的锚固力来承受土体侧压力的支挡结构物，主要由锚杆和钢筋混凝土板（墙面）组成。按墙面的结构形式，锚杆挡墙可分为柱板式挡墙和壁板式挡墙。如图 3-15 所示，柱板式锚杆挡墙由挡土板、肋柱和锚杆组成；壁板式锚杆挡墙由墙面板和锚杆组成。锚杆挡墙具有结构轻、圬工少、对地基要求低、可避免内支撑等优点，在工程中得到广泛的应用，主要适用于为减少开挖量的挖方地区和石料缺乏地区，可设置单级或多级，每级高度不宜大于 8m。

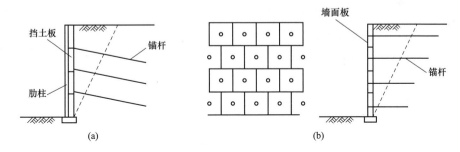

图 3-15　锚杆挡墙的类型

（a）柱板式锚杆挡土墙；（b）壁板式锚杆挡土墙

二、 支挡工程设计基本原则

支挡工程应当保证填土、物料、基坑侧壁及构筑物的稳定。构筑物本身应具有足够的承载能力和刚度，保证结构的安全和正常使用。同时，在设计中还应做到技术可行、经济合理和施工方便。总之，岩土支挡工程应遵循"安全可靠、经济合理、技术可行、环境和谐"的设计原则。

（一）安全可靠

设计基准期内，在施工和正常使用时，能保持整体稳定，不出现危害性变形。在偶然事件发生时，能够保持必要的整体稳定性。结构在正常使用和正常维护条件下，在规定的使用期限内具有良好的工作性能，且具有足够的耐久性。

结构的安全性、适用性和耐久性，统称为结构的可靠性。结构在规定的设计基准期内，在规定的条件下，具备完成预定功能要求的能力。

确保安全可靠的有效措施主要有：

（1）严格按照规范要求，查明工程地质条件和边界条件。

（2）采用多种方法综合评价，并考虑各种可能的不利荷载及荷载组合，合理进行工程地质类比。

（3）采用综合治理措施，并提高耐久性。

（4）采用信息反馈设计法（动态设计），注意及时变更设计。

（5）保证工程质量、选择耐久性好的材料。

（6）保证后期监测和工程维护。

（二）经济合理

在安全的前提下，尽量选择成本低、投资省、时效最优的结构措施。达成经济合理的措施主要有：

（1）尽量利用岩土体的自稳能力，合理选择岩土参数，合理利用空间形态上的有利因素，选择合理的计算方法，重视机制分析和定性判断。

（2）根据实际情况，合理选择特殊工况和荷载组合。

（3）制定合理的治理方案。

（4）尽量采用综合治理方案，多方案综合分析论证。

（三）技术可行

在安全的前提下，要求无论是建筑材料，还是施工技术与方法都应该是可行的。因此，在设计方案时需考虑技术因素，不能因技术原因留下工程隐患或造成成本大幅度增加。

（四）环境和谐

选择的材料不能污染环境，避免施工对环境造成不利影响，合理绿化，保持工程与环境的和谐。

三、 支挡方案的确定方法

支挡工程结构设计应在基本资料分析的基础上，进行综合分析论证，最终选定一个最优方案。支挡结构设计，首先应根据自然地形、地质及当地经验和技术条件等综合考虑，以选定一个最优的设计方案。支挡工程方案的确定主要包括支挡结构物的确定、平面位置的确定、断面尺寸的确定和建筑材料的选定等内容。

（一）支挡结构物的确定

支挡结构物的确定应在规范限定条件下，既能满足使用要求、技术上合理，又尽可能达到综合经济技术指标先进的要求。因此，在选定支挡结构时，应与其他构筑物进行比较。通言可考虑以下三个方面：①在满足工程及社会需要的前提下，能否免去支挡工程或选择其他不需要支挡措施的工程场地；②能否采用其他更适宜的工程措施，使工程现场不需要修建支挡结构物；③如果需要设置支挡措施，应多种方案进行对比，以选择最优方案。

（二）平面位置的确定

如果修建支挡结构，确定经济是合理的，则应根据工程需要和地形地质条件综合考虑，以确定支挡结构物类型、平面位置、纵向布置和长度。具体来讲，应考虑以下两个条件。

（1）技术条件：①地形地貌、地质条件，以及水文地质条件；②结构坚固程度，基础的稳定性和安全可靠性；③施工方法的先进性（或适合当地经验）；④建筑材料及来源；⑤符合国家规范及技术要求。

（2）经济条件：①支挡结构类型的经济合理性；②节约用地、节约材料和劳动力；③与其他构筑物和环境协调，尤其要满足环境保护的要求。

（三）断面尺寸的确定

支挡结构平面位置确定后，应根据地基土的物理力学性质、填土的性质、地下水情况等，经比较选定一个经济合理的断面形式。

（1）根据支挡结构的设计资料、实测地形和地质资料确定支挡结构的高度。

（2）根据填料的性质和地基承载力等资料初步拟定截面的形式和尺寸，并进行试算。

（3）改变不同条件，如改变墙背倾角、墙背形状等，再进行计算，将各种条件下的计算结果列出，以选择最优截面。

（4）根据不同的墙高、地基条件和以上计算结果，选择一、二种基本断面形式，然后对选定的断面形式进行设计。

（四）建筑材料的选定

建筑材料应就地取材。如本地区无可用之材，则应根据材料的来源、价格、运距和结构选型综合考虑选定建筑材料。

当选用天然石料时，应选用无明显风化的石料，其极限抗压强度不低于30MPa，同时应满足抗冻等要求。在浸水挡土墙中，石料软化系数不得低于0.8。

在石料缺乏地区，常选用混凝土或钢筋混凝土。应对不同材料、不同截面作试算，给出造价的估算，综合评价，以确定支挡结构的最后选型。

四、 支挡工程设计步骤

支挡工程设计时，通常按以下步骤进行。

（1）搜集设计工点的地形、地质资料。

（2）大致确定支挡结构在平面和横断面上的位置。

（3）初步选择支挡结构类型，经比选后具体确定支挡结构形式。

（4）计算各种工况下的土压力或下滑力，确定最不利工况。

（5）支挡结构强度设计。

（6）支挡结构稳定性设计。

（7）绘制支挡结构横断面图、正面图、平面图，计算工程数量，编写设计说明。

以上只是笼统的设计步骤，实际的支挡工程设计并不是这么简单，每一个步骤都必须做很多工作。设计过程中需要根据计算情况不断进行断面修改和尺寸调整。下面以挡土墙设计为例，图示说明支挡工程设计的程序和步骤，见图3-16。

五、 重力式挡土墙设计

重力式挡土墙是我国目前最常用的一种挡土墙，也是山区输电线路边坡加固工程中最常用的支挡支护结构，它的优点是就地取材、施工机械、施工条件、施工队伍专业性要求都不高、经济效果好，正好满足山区输电线路边坡加固工程中施工机械和施工材料小运成本高，施工用地、施工地形等施工条件较差，单个工程量小造成的施工队伍专业性不高等难点，所以本书选取重力式挡土墙为例对支挡结构的设计进行论述。

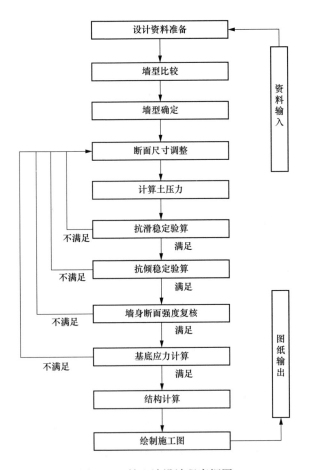

图 3-16　挡土墙设计程序框图

进行支挡结构的设计，首先应清楚结构的受力。作用在挡土墙上的荷载一般有墙后回填土及表面的超载引起的土压力、墙身自重。作用在挡土墙上的约束反力一般有地基反力和摩擦力、墙前的被动土压力（为安全考虑，通常不计被动土压力），如图 3-17（a）所示。挡土墙设计就要保证在以上力系的作用下，挡土墙不会发生破坏。重力式挡土墙的破坏形式有因抵抗转矩不足会产生绕墙趾转动的倾覆破坏［见图 3-17（b）］、水平抗力的不足引起的滑移破坏［见图 3-17（c）］、竖向承载力不足导致的沉降［见图 3-17（d）］及墙身破坏、整体失稳等。重力式挡土墙一般以墙纵向方向取一延米计算。

（一）抗滑移稳定性验算

考虑如图 3-18 所示的墙底有一倾角 α_0（逆坡）的挡土墙，墙背倾角为 α，受到主动土压力 E_a 和自重 G，基底摩擦系数为 μ。在主动土压力 E_a 的作用下，

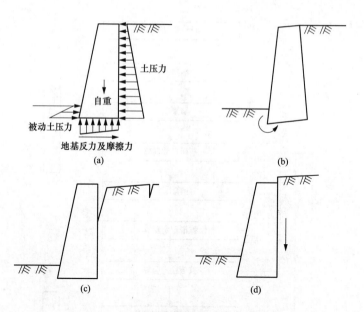

图 3-17　重力式挡土墙所受荷载及破坏形式

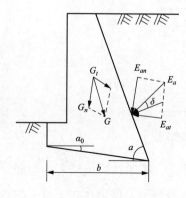

图 3-18　抗滑移稳定性验算

挡土墙有沿着基底滑移的趋势。将所有的力都沿着基底和基底的法向分解，由此分析挡土墙的抗滑移稳定性。

主动土压力在平行于基底方向的分力为：

$$E_{at} = E_a \sin[90° - (\delta + 90° - \alpha + \alpha_0)]$$
$$= E_a \sin(\alpha - \alpha_0 - \delta) \qquad (3\text{-}8)$$

在垂直于基底方向的分力为：

$$E_{an} = E_a \cos(\alpha - \alpha_0 - \delta) \qquad (3\text{-}9)$$

同样有自重的分解：

$$G_t = G\sin\alpha_0, \quad G_n = G\cos\alpha_0 \qquad (3\text{-}10)$$

式中　E_a——挡土墙墙背受到的主动土压力，kPa；

δ——挡土墙墙背摩擦角，(°)；

α——挡土墙墙背倾角，(°)；

α_0——挡土墙底面与水平方向夹角，(°)；

G——挡土墙自重，kPa。

滑动的力为 $E_{at} - G_t$，抵抗滑动的基底摩擦力为 $(E_{an} + G_n)\mu$，要保证挡土墙的抗滑移稳定性，就必须满足 $(E_{an} + G_n)\mu \geqslant E_{at} - G_t$，通常取安全系数 1.3，即

$$\frac{(E_{an}+G_n)\mu}{E_{at}-G_t} \geqslant 1.3 \tag{3-11}$$

式中　μ——基底摩擦系数。

从直观认识和以上公式都可以得出，提高挡土墙抗滑移性能的措施有：增大断面尺寸，增大墙底逆坡倾角 α_0，增大基底摩擦系数 μ，减小墙背倾角 α，在墙底设凸榫，若基础地质条件好、挡土墙埋深较大时可以部分考虑墙前被动土压力。

基底摩擦系数 μ 的取值宜由试验确定，也可参考表 3-6。

表 3-6　　　　　　　　　　岩土对挡土墙基底的摩擦系数 μ

土的类别		摩擦系数 μ	土的类别	摩擦系数 μ
黏性土	可塑	0.25~0.30	中砂、粗砂、砾砂	0.40~0.50
	硬塑	0.30~0.35	碎石土	0.40~0.60
	坚硬	0.35~0.45	软质岩	0.40~0.60
粉土		0.30~0.40	表面粗糙的硬质岩	0.65~0.75

注　1. 对易风化的软质岩和塑性指数 I_P 大于 22 的黏性土，基底摩擦系数应通过试验确定。
　　2. 对碎石土，可根据其密实程度、填充物状况、风化程度等确定。

（二）抗倾覆稳定性验算

如图 3-19 所示的挡土墙，对墙趾点取矩。为了便于计算将力进行 x 和 z 方向的分解。

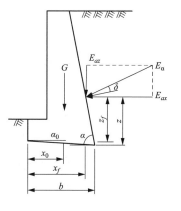

图 3-19　抗倾覆稳定验算

$$E_{ax} = E_a\cos(\delta+90°-\alpha)$$
$$= E_a\sin(\alpha-\delta) \tag{3-12}$$
$$E_{az} = E_a\cos(\alpha-\delta) \tag{3-13}$$
$$z_f = z - b\tan\alpha_0 \tag{3-14}$$
$$x_f = b - z\cot\alpha \tag{3-15}$$

式中　E_{ax}——主动土压力在水平方向的分力，kPa；

　　　　x_f——对墙趾取矩的力臂，m；

　　　　z——土压力合力作用点到墙踵的竖直距离，m；

　　　　z_f——E_{ax} 作用点到墙趾的竖直距离，m；

　　　E_{az}——主动土压力在竖直方向的分力，kPa。

E_{ax} 对墙趾点的倾覆力矩为 $E_{ax}z_f$，E_{az} 产生的抗倾覆力矩为 $E_{az}x_f$，挡土墙自重产生的抗倾覆力矩为 Gx_0，其中 x_0 为挡挡墙重心到墙趾点的水平距离。一般挡墙材料是匀质的，重心即形心。

保证挡土墙的抗倾覆稳定性，要求抗倾覆力矩大于倾覆力矩，取安全系数
1.6，可以得到下式：

$$E_{az}x_f + Gx_0 \geqslant 1.6E_{ax}z_f \tag{3-16}$$

提高重力式挡墙抗倾覆稳定性的措施有：增大挡土墙断面尺寸，增加墙趾
台阶宽度以增加抗倾覆力矩的力臂，采用仰斜式挡土墙使重心后移并减小土压
力，做卸荷台。

（三）地基承载力验算（基底压力及偏心验算）

当挡土墙基础底面水平时（见图 3-20），挡土墙的基底压力可以按偏心受压
公式计算：

$$p_{\min}^{\max} = \frac{F+G}{A} \pm \frac{M}{W} \tag{3-17}$$

设 F 和 G 之和为 N，并在纵向上取单位宽度计算，此时有：

$$W = b^2 \times \frac{1}{6} \tag{3-18}$$

$$p_{\min}^{\max} = \frac{F+G}{b \times 1} \pm \frac{(F+G) \times e}{W} = \frac{N}{b \times 1} \pm \frac{N}{\dfrac{b^2 \times 1}{6}} = \frac{N}{b}\left(1 \pm \frac{6e}{b}\right) \tag{3-19}$$

以上式中　A——基底面积，m^2；

　　　　　F——作用在基底的竖直荷载，kN；

　　　　　G——挡土墙自重，kN；

　　　　　M——各种荷载作用于基底的力矩之和，kN·m；

　　　　　W——基底的截面模量；

　　　　　b——挡土墙墙底宽度，m；

　　　　　e——荷载的偏心距，m；

　　　　　N——竖向作用力的合力，kN。

对于挡土墙，一般情况下，作用在其上的竖向荷载只有土压力在竖直方向
上的分力为 E_{az}，没有竖向荷载，代入式（3-19）可得：

$$p_{\min}^{\max} = \frac{G+E_{az}}{b}\left(1 \pm \frac{6e}{b}\right) \tag{3-20}$$

为求偏心距 e（即基地合力作用点偏离基底形心的距离），首先求出作用在
基底的竖向合力 N 的作用点到墙趾的距离 d。如图 3-21 所示，由荷载和基底反
力对墙趾点 O 取矩之和为零，可得：

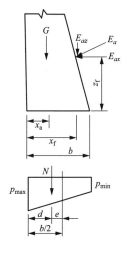

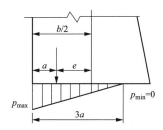

图 3-20　基地压力计算　　　图 3-21　偏心距 $e>b/6$ 时基底压力计算

$$d = \frac{Gx_a + E_{ax}x_f - E_{ax}z_f}{G + E_{az}} \tag{3-21}$$

$$e = \frac{b}{2} - d = \frac{b}{2} - \frac{Gx_a + E_{ax}x_f - E_{ax}z_f}{G + E_{az}} \tag{3-22}$$

将求得的偏心距 e 代入式（3-20），可得挡土墙基底压力的最大值和最小值，基地压力为梯形分布。

在式（3-20）中，若偏心距较大，以致 $e>b/6$，求出的 $p_{min}<0$，基底出现了拉力。挡土墙和地基土之间是不能承受拉力的，此时产生拉应力部分的基底将与地基脱开，而不能传递荷载，基底压力将重新分布为三角形，如图 3-21 所示。

设基底反力的分布范围为 $3a$（a 为竖向荷载 N 作用点距墙趾的水平距离），由基底反力的合力和竖直荷载相等有

$$\frac{1}{2} \times 3a \times p_{max} = N \Rightarrow p_{max} = \frac{2N}{3a} = \frac{2N}{3\left(\dfrac{b}{2} - e\right)} \tag{3-23}$$

当 $e \leqslant b/6$ 时，用式（3-20）计算处的基底压力，或者当 $e>b/6$ 时，用式（3-23）计算出的基底压力，应满足

$$\frac{p_{max} + p_{min}}{2} \leqslant f_a \tag{3-24}$$

且满足 $p_{max} \leqslant 1.2 f_a$，同时基底合力的偏心距应满足 $e \leqslant b/4$，否则应重新设计计算。式中：f_a 为修正后的地基承载力特征值，kPa。

（四）墙身强度验算

重力式挡土墙一般用石砌或混凝土砌块砌筑，为保证墙身的安全可靠，需验算任意墙身截面处的法向应力和剪切应力，保证这些应力应小于墙身材料极限承载力。对于截面转折或急剧变化的地方，应分别进行验算。对一般地区的挡土墙，应选取一、两个控制截面进行强度计算。

1. 抗压验算

砌体偏心受压构件承载力计算公式为：

$$N \leqslant \varphi \cdot f \cdot A \tag{3-25}$$

式中　N——轴向力设计值，kN；

　　　A——截面面积，m^2；

　　　f——砌体抗压强度设计值，kPa；

　　　φ——高厚比 β 和轴向力的偏心距 e 对受压构件承载力影响系数，按式（3-26）、式（3-27）计算：

当 $\beta \leqslant 3$ 时：

$$\varphi = \frac{1}{1 + 12 \left(\dfrac{e}{h} \right)^2} \tag{3-26}$$

当 $\beta \geqslant 3$ 时：

$$\varphi = \frac{1}{1 + 12 \left[\dfrac{e}{h} + \sqrt{\dfrac{1}{12} \left(\dfrac{1}{\varphi_0} - 1 \right)} \right]^2} \tag{3-27}$$

式中　e——轴向力的偏心距，当为石砌体时，不宜超过 $0.6y$；

　　　y——截面重心到轴向力所在偏心方向截面边缘的距离，m；

　　　β——构件的高厚比，对矩形截面 $\beta = \gamma_\beta H_0 / h$；

　　　γ_β——不同砌体材料构件的高厚比，修正系数，按表 3-7 选用；

　　　H_0——受压构件的计算高度，对于上端自由的挡土墙 $H_0 = 2H$（H 为墙高），m；

　　　h——矩形截面的轴向力偏心方向的边长，m；

　　　φ_0——轴心受压构件的稳定系数，$\varphi_0 = \dfrac{1}{1 + \alpha \beta^2}$，$\alpha$ 是与砂浆强度等级有关的系数，当砂浆强度等级大于或等于 M5 时，$\alpha = 0.015$；砂浆强度等级等于 M2.5 时，$\alpha = 0.002$；砂浆强度等级大于或等于零时，$\alpha = 0.009$。

表 3-7　　　　　　　　　　高 厚 比 修 正 系 数

砌体材料类别	γ_β
烧结普通砖、烧结多孔砖	1.0
混凝土及轻骨料混凝土砌块	1.1
蒸压灰砂砖、蒸压粉煤灰砖、细料石、半细料石	1.2
粗料石、毛石	1.5

对混凝土灌注的挡土墙，则应按素混凝土偏心受压计算，受压承载力按下列公式计算：

$$N \leqslant \varphi f_{cc} b(h - 2e_0) \tag{3-28}$$

式中　N——轴向力设计值，kN；

　　　φ——素混凝土构件的稳定系数，对重力式挡土墙可取 1.0；

　　　f_{cc}——素混凝土轴心抗压强度设计值，kPa；

　　　e_0——受压区混凝土的合力点至截面重心的距离，m；

　　　b——截面宽度，挡土墙计算中多取 1.0m；

　　　h——截面高度，即挡土墙厚度，m。

当 $e_0 \geqslant 0.45h/2$ 的受压构件，应在混凝土受拉区配置构造钢筋，否则必须满足下式方可不构造配筋。

$$N \leqslant \frac{\gamma_m f_{ct} bh}{\frac{6e_0}{h} - 1} \tag{3-29}$$

式中　f_{ct}——素混凝土抗拉强度设计值，kPa；

　　　γ_m——截面抵抗矩塑性影响系数，对于挡土墙计算截面为矩形时 $\gamma_m = 1.55$。

2. 抗剪承载力验算

重力式挡土墙截面大，剪应力很小，通常可不作剪力承载力验算。

（五）重力式挡土墙的其他验算项目

以上重力式挡土墙抗滑移稳定性验算、抗倾覆稳定性验算、基底承载力验算（基底压力和偏心距验算）是挡土墙的基本验算项目，但是在一些特殊条件下还应结合工程实际，考虑各种可能产生的破坏形式，作相应的验算，确保工程安全。

1. 软弱下卧层强度验算

前述地基压力的验算满足了挡土墙墙底所处地层的承载力要求，地基上的压力在地层中扩散，深度越大，附加应力越小。因此在一般地质条件下，已能够保证基础的稳定，但当地基受力层范围内有软弱下卧层时，虽然该处的附加应力小于挡土墙基底的应力，但软弱下卧层承载力低，可能产生承载力不足的问题，因此应作软弱下卧层的承载力验算。可按下列公式验算其强度：

$$p_z + p_{cz} \leqslant f_{az} \tag{3-30}$$

式中　p_z——相应于荷载效应标准值组合时，软弱下卧层顶面处的附加压力值，kPa；

　　　p_{cz}——软弱下卧层顶面处土的自重压力值，kPa；

　　　f_{az}——软弱下卧层顶面处经深度修正后的地基承载力特征值，kPa。

如上层土和下层软弱土层的压缩模量比值大于等于 3 时，对条形挡土墙基础，p_z 值可按下列公式简化计算：

$$p_z = \frac{b(p_k - p_c)}{b + 2z\tan\theta} \tag{3-31}$$

式中　b——挡土墙基础底边的宽度，m；

　　　p_k——相应于荷载效应标准组合时，基础底面处土的平均压力值，kPa；

　　　p_c——基础底面处自重压力值，kPa；

　　　z——基础底面至软弱下卧层顶面的距离，m；

　　　θ——地基压力扩散线与垂直线的夹角（如表 3-8 所示），(°)。

表 3-8　　　　　　　　　　地基压力扩散角 θ

E_{a1}/E_{a2}	z/b	
	0.25	0.50
3	6°	23°
5	10°	25°
10	20°	30°

注　1. E_{a1} 为上层土压缩模量，E_{a2} 为下层土压缩模量。
　　2. $z/b<0.25$ 时取 $\theta=0°$，必要时，宜由试验确定；$z/b>0.50$ 时 θ 值不变。

2. 整体稳定性验算

当基底下有软弱夹层时，存在着挡土墙地基连同挡土墙整体滑动失稳破坏的可能性，故需进行地基稳定性验算。土质地基稳定性可采用圆弧滑动面法进行验算，岩质地基稳定性可采用平面滑动法验算。地基稳定性验算按现行规范中边坡稳定性评价要求执行。

第三节　坡面防护加固技术

随着科学技术的突飞猛进，人类获得了巨大的开发和利用大自然的能力。人类在赖以生存的家园上大兴土木，开山辟地，筑路架桥，修建厂房。这些工程为人类提供了必要的生存条件，但同时也破坏了大自然原有的生态平衡。如工程建设过程中经常要大量的挖填方，形成大量的裸露边坡。裸露边坡会带来一系列环境问题，如水土流失、滑坡、泥石流、局部小气候的恶化及生物链的破坏等。这些工程形成的裸露边坡靠自然界自身的力量恢复生态平衡往往需要较长时间。采取工程措施，对边坡进行工程防护与人工绿化是减少生态灾害、保护环境和走可持续发展道路的需要，也是《水土保持法》所要求的。

坡面的防护、美化、绿化主要起护坡、减少水土流失、防止坡面冲刷、减缓岩体风化和丰富景观的目的，并兼顾美学效果，其必须坚持以下原则：

（1）安全性原则。对边坡进行防护和绿化必须确保边坡的稳定和安全。

（2）协调性原则。边坡防护和绿化必须与周围环境协调一致。

（3）永久性原则。对边坡防护和绿化尽量做到一劳永逸。避免日后大量的人工维护和管理。

（4）经济性原则。必须考虑合适的绿化方法和方案，做到经济合理。

尤其山区输电线路边坡对坡面防护的需要越来越大，一方面随着国家和社会对生态保护的意识加强，对工程的生态要求越来越高；另一方面，随着线路走廊越来越紧张，线路或选择对生态、美观要求较大的城镇周边，或选择地形地质条件较差的区域，若不在裸露初期进行坡面防护，将很快恶化至影响塔基边坡稳定性；此外，伴随弃土外运成本的增大和一线施工管理的参差不齐，施工过程中不合规的施工弃土处理、不合理的坡面处理方式及不必要的坡面植被破坏，使得需要坡面防护的输电线路边坡日趋增多。为使概念明确，一般把防治边坡冲刷、风化，主要起隔离作用的工程措施称为坡面防护工程，主要分为圬工防护和植被防护，本节主要论述圬工防护方式，而植被防护将在下节进行叙述。其中圬工护坡目前常用的主要有护面墙、干起片石防护、浆砌片石防护、混凝土预制块防护、抛石防护、挂网喷浆及石笼防护，下面将进行分述。

（一）护面墙

护面墙是一种为了覆盖一般土质边坡及各种软质岩层和较破碎岩石的挖方

边坡，免受大气因素影响，防止继续风化而修建的贴坡式防护墙。适用边坡坡率不大于 1：0.5，护面墙除自重外，不担负其他载重，亦不承受墙后的土压力，因此护面墙所防护的边坡应自身稳定，其主要分为实体式护面墙、孔窗式护面墙（见图 3-22）和供式护面墙。

（二）干砌片石防护

干砌片石防护适用于因雨、雪水冲刷，发生流泥、拉沟与溜坍的边坡，或严重剥落的软质岩层边坡，被防护的边坡坡率一般应为 1：1.5～1：1.2，如图 3-23 所示。一般有单层铺砌、双层铺砌和编格内铺石等几种形式，可根据具体情况选用。铺砌层的底面应设垫层，垫层材料一般常用碎石、砾石或砂砾混合物等。垫层的作用是防止水流将铺石下面边坡上的细颗粒土带出来冲走，增加整个铺石防护的弹性。

图 3-22　窗孔式护面墙　　　　　　　图 3-23　干砌片石防护

（三）浆砌排石护坡

边坡缓于 1：1 的土质边坡或岩石边坡的坡面采用干砌片石不适宜或效果不好的各种易风化的岩石边坡和土质边坡均可采用浆砌片石护坡，如图 3-24 所示。对于严重潮湿或严重冻害的土质边坡，在未进行排水措施以前，则不宜采用浆砌防护。

（四）混凝土预制块护坡

在选择设计冲刷防护类型时，有些地区缺乏块、片石材料，常采用混凝土预制块防护边坡，如图 3-25 所示。它比浆砌片石护坡能抵抗更大的流速冲击，它还能抵抗较强的冰压力，只是造价较高，且必须设置砂砾或碎石层。

图 3-24　浆砌片石护坡　　　　　　　图 3-25　混凝土预制块护坡

（五）抛石护坡

主要用于防护受水流冲刷和淘刷的边坡和坡脚，以及挡土墙、护坡的基础等，宜用于经常浸水且水流方向平顺，河床地层承载力较强并无严重局部冲刷者，最适用于砾石河床的路基边坡，其不受气候条件的限制，对于季节性浸水或长期浸水的边坡，均可使用，并可在填筑体沉实以前施工，尤其适宜在盛产石料（大砾石、卵石）和沿河废石方较多的地区使用。

（六）石笼护坡

石笼护坡见图 3-26，具有以下特点。

图 3-26　石笼护坡

（1）石笼属于柔性结构，可以弥补重力式挡土墙、混凝土护坡等刚性结构的工程缺点。

（2）施工简单迅速，可适应偏僻窄道，无须铺设大型施工便道，且施工对环境影响小；另外，以机械填放填料，快速、安全性高。

（3）水中施工，可采取吊放方式定位吊放。

（4）可于河川就地取材，填放天然级配砂砾；同时，还可舒缓河道淤积量，改善通水断面。加大通水面积，改善水流通过的流况，减少水患。

（5）在枯水期，石笼与下层之抛填卵石可作为透（通）水之流路，有利地面及地下排水。

图 3-27　挂网喷浆防护

（七）挂网喷浆防护

采用锚杆、锚固钉、定位筋等奖菱形、矩形金属网或高强度聚合物土工格栅固定在边坡上，网（格栅）上下喷射混凝土，由此对边坡进行防护，如图 3-27 所示。它主要适用于岩性较差、强度较低、易于风化的岩石边坡；或虽为坚硬岩层，但风化严重，节理发育，易受自然应力影响导致大面积碎落以及局部小型崩塌落石的岩质边坡；或边坡岩石破碎松散，极易发生落石崩塌的边坡防护；也适用滑裂面发育较潜的土质边坡，或需要临时支挡和局部加固的边坡。

第四节　植被防护加固技术

边坡坡面植被防护技术是对边坡坡面采取种植植物或种植植物与工程防护（土工合成材料、浆砌片石骨架、混凝土框格、坡脚矮挡墙等）相结合的边坡坡面防护措施。它是一项集岩土工程学、植物学、土壤学、肥料学及环境生态学于一体的综合工程技术。随着人们环境保护意识的普遍提高，边坡植被防护技术必然得到越来越广泛的应用。

一、种草

种草防护是一种传统的立即边坡坡面防护方法，它是在土质边坡坡面上人工撒播或行播草籽。种草防护施工简单，造价较低，但只适用于低矮缓坡，适宜在春、秋雨季施工。播撒草籽选用适合当地土质和气候条件、根系发达、茎干低矮、枝叶茂盛、生长能力强的多年生草种。若边坡土层不宜种草，可将边坡挖成台阶，再换填一层 5～10cm 厚的种植土。为使草籽撒播均匀，可将种子与砂、干土或锯末混合播种。种子埋入深度应不小于 5cm，种完后将土耙均匀拍实。种草防护在植物长成前，遇雨边坡表土易冲刷、草籽易流失，遇干旱草种易失去活力，幼苗易干死，导致大量修复工程。因此该技术的应用收到了一定的限制。

液压喷播植草是一种现代植草新技术，适用于草坪建植和不同坡率的土质边坡、全风化的岩质和强风化的软岩石边坡坡面绿色防护。液压喷播植草是利用液态播种原理，将试验确认使用、生命能力强，且能满足各种绿化功能的植物种子经科学处理后与肥料、防土壤侵蚀剂、内覆纤维材料、保水剂、色素及水等按一定比例放入喷播机混料罐内，通过搅拌器将混合液搅拌至全悬浮状后，利用离心泵把混合液体导入消防软管，经喷枪喷播在欲建边坡裸地，形成均匀覆盖层保护下的草种层，再铺设无纺布防护，而后进行养护，在坡面形成植被防护。该方法具有施工简单、适用性广、施工质量高、防护效果好、工程造价低等特点。限制该方法的最主要因素是水热条件，因此一般而言雨季前和雨季是最佳喷播期，干旱季节或台风季节不宜喷播。

该方法适用于坡度缓于 1：1.25 的土质边坡。当边坡较高时，可用土工网、土工网垫与种草结合防护。植草护坡的横断面图见图 3-28。

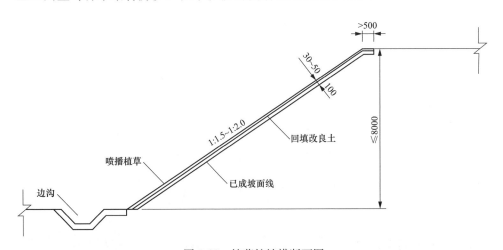

图 3-28　植草护坡横断面图

二、 铺草皮

铺草皮防护是在土质边坡、全风化的岩质和强风化的软质岩石边坡上人工贴铺草皮，进行边坡防护的一种传统植物防护措施。铺草皮防护施工简单，造价较低，但只适用于坡度不陡于1：1.25的边坡，适宜于在春夏季或雨季施工。所使用的草皮应选用根系发达、茎矮叶茂的耐旱草种，通常采用当地天然草皮。草皮规格一般为宽20cm，长30cm，厚5~10cm，干燥炎热地区厚度可增加到15cm；草皮铺设前应先将坡面表土挖松整平、洒水湿润，再将草皮从一端向另一端由下向上错缝铺砌，边缘互相咬紧，并撒细土充填，然后用木槌将草皮拍紧、拍平，确保草皮与坡面密贴，接茬严密，并用木桩钉牢。铺草皮防护的坡面布置图如图3-29所示，横断面图如图3-30所示。但是，实际边坡防护施工时往往不能严格按照上述规定进行，导致达不到预期的防护效果，造成坡面严重冲刷，甚至边坡溜坍，导致大量修复工程。另外，施工受到季节限制。再者，铲用当地天然草皮对植被造成新的破坏，不利于水土保持。因此该技术的应用受到了越来越多的限制。

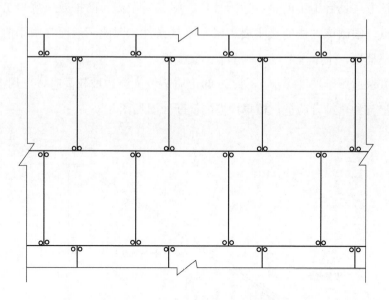

图3-29　竹扦钉固草皮坡面布置图

三、 植生带植草防护

植生带植草防护是将工厂化生产的中间均夹有草籽的两层无纺布构成的植生带，铺设于各种土质边坡、全风化岩质和强风化的软质岩土边坡，进行边坡防护的一种植物防护新方法。植生带防护施工操作简单，先清理坡面浮石、浮

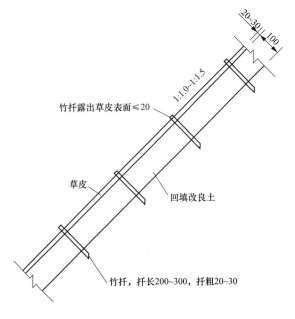

图 3-30 铺草皮护坡横断面图

根，平整坡面，再将植生带沿等高线铺设在边坡上，用铁钉固定，然后盖上细土，并适当洒水养护，促使种子发芽、生长，对边坡形成植物防护。该方法充分利用了植生带的固种保苗作用，以及在植物长成以前对坡面良好的防冲刷作用，避免了风、雨造成的种子流失和坡面表土流失，而且植生带重量轻，搬运施工很方便，但是在施工过程中通常难以使植生带全部与坡面密贴，往往造成部分幼苗死亡。因此该方法多用于平地绿化，而在边坡防护工程中未能得到大量推广采用。

四、 土石合成材料植草综合防护

土工合成材料植草综合防护是一项集成坡面加固和植物防护于一体的综合边坡防护措施，是利用土石合成材料对边坡进行加筋补强或防护，并结合液压喷播植草进行的一种综合防护技术。

（一）土工网垫植草护坡

土工网垫植草护坡是一项集边坡加固、植草防护和绿化于一体的复合型边坡植物防护措施。施工工序是：平整边坡、铺设土工网垫、摊铺松土、播种、覆盖砂土、养护。所用土工网垫是一种三维立体网，不仅具有加固边坡的功能，在播种初期还起到防止冲刷、保持土壤以利草籽发芽、生长的作用。随着植物生长，边坡逐渐被植物覆盖，植物与土工网垫共同对边坡起到长期防护、绿化作用。该方法的坡面布置图见图 3-31,横断面图见图 3-32。

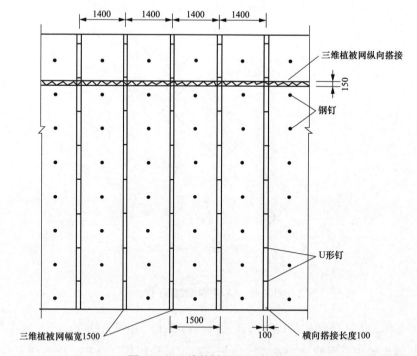

图 3-31　三维植被网坡面布置图

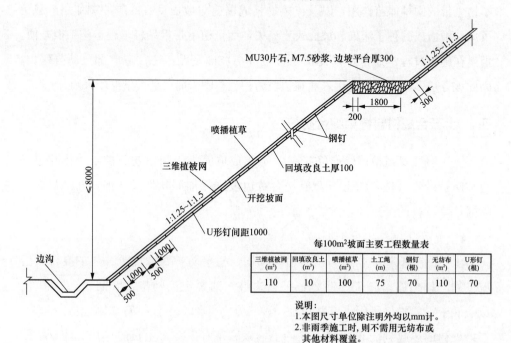

每100m²坡面主要工程数量表

三维植被网 (m²)	回填改良土 (m³)	喷播植草 (m²)	土工绳 (m)	钢钉 (根)	无纺布 (m²)	U形钉 (根)
110	10	100	75	70	110	70

说明:
1.本图尺寸单位除注明外均以mm计。
2.非雨季施工时,则不需用无纺布或
其他材料覆盖。

图 3-32　三维植被网护坡横断面图

（二）土工栅格与植草护坡

对填料土质不良的边坡，采用土工栅格对边坡进行加筋补强，以保证边坡的稳定性，同时对坡面采用液压喷播植草，可防止雨水冲刷。该方法的坡面布置图如图 3-33 所示，横断面图如图 3-34 所示。

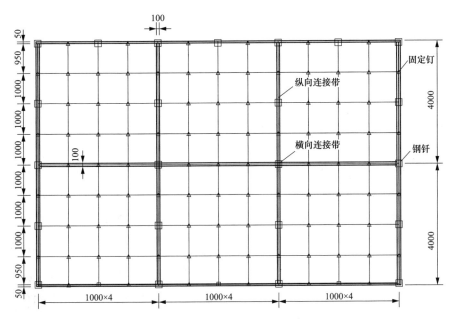

图 3-33 土工格室植草坡面布置图

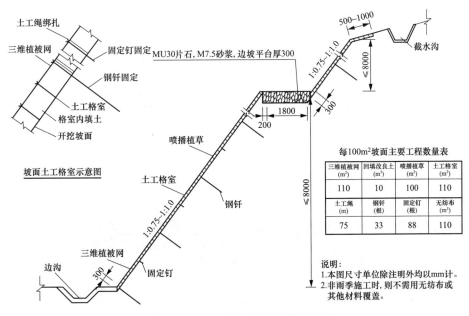

图 3-34 土工格室植草护坡横断面图

每100m²坡面主要工程数量表

三维植被网 (m²)	回填改良土 (m³)	喷播植草 (m²)	土工格室 (m²)
110	10	100	110
土工绳 (m)	钢钎 (根)	固定钉 (根)	无纺布 (m²)
75	33	88	110

说明:
1.本图尺寸单位除注明外均以mm计。
2.非雨季施工时,则不需用无纺布或其他材料覆盖。

五、 OH 液化学植草防护

OH 液化学植草防护是通过专用机械将化工产品 HYCEL-OH 液用水按一定比例稀释后和种子一起喷洒于平整坡面，使之在短时间内硬化，而将边坡表土固结成弹性固体薄膜，达到植草初期边坡防护目的，3～6 个月后其弹性固体薄膜开始逐渐分解，此时草种已发芽、生长成熟，根深叶茂的植物已能独立起到边坡绿化防护作用。该方法施工简单、迅速，不需后期养护，边坡绿化防护效果好，但是由于 OH 液还未实现国产化，因此工程造价较高。

六、 混凝土框格内填土植草综合防护

混凝土框格内填土植草综合防护是一项类似于干砌片石护坡的边坡植草防护措施，先在修正好的边坡坡面上平铺正六边形混凝土预制框砖，形成蜂巢状框格，再在框格内铺填种植土并植草的一项边坡综合防护技术。该技术所用的框砖可在预制厂批量生产，拼铺在坡面上能有效地分散坡面雨水径流，缓解径流梯度，防治坡面冲刷，保护植物生长。该方法施工简单，外观齐整，造型美观大方，边坡绿化防护效果好，工程造价适中，与浆砌片石骨架护坡相当，多用于填方边坡的防护。该方法的坡面布置图见图 3-35，横断面图见图 3-36。

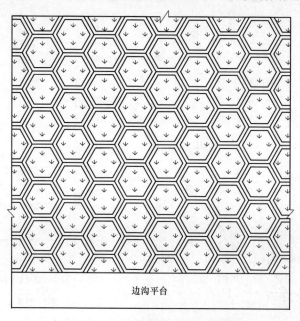

边沟平台

图 3-35 六边形框格坡面布置图

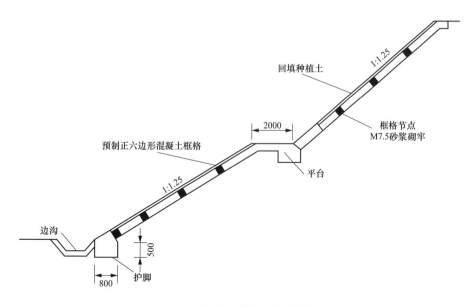

图 3-36　六边形框格植物护坡横断面图

七、 喷混植生

喷混植生是近年来从国外引进的一种适用于岩质边坡面植草的绿色防护技术，它将种子、肥料、黏结剂、土壤改良剂、种植土、保水剂和水等材料按一定比例搅拌均匀后，利用强力压缩机喷射于岩石边坡面作为植生基材层，再铺设无纺布覆盖，然后依靠基材层使植物生长发育，形成坡面植物防护的措施。该方法适用于漂石土、块石土、卵石土、碎石土、粗粒土和强风化、弱风化的硬质岩石边坡，坡率不陡于 1：0.75。对于植生基材层厚度小于 3cm，且边坡坡率缓于 1：1 的可直接进行植生防护，在其他条件下，应先在边坡上施工短锚杆，铺设一层机编镀锌铁丝网，在进行植生防护，其植生基材层厚度一般为 5～10cm。使用该方法时，种植基材应通过配合比试验或小范围工程试验确定，边坡高度不宜大于 10m。

八、 客土植生

客土植生防护是对不适宜植物生长的土质边坡，先将坡面开挖成台阶状，再换填一定厚度适宜植物生长的种植土，然后在坡面种植草、灌植物，进行边坡防护。换填方式可选择采用人工铺设或采用泥浆机喷射，换填材料可选用种植壤土或混合材料，换填厚度通常为 5～10cm，植物种植方式可选用液压喷播植草、人工种植或贴铺草皮等。

客土植生防护适用于土质不适宜植物生长的各种土质边坡、全风化的岩质和强风化的软质岩石边坡，边坡高度不宜大于 8m。

第五节　铁塔基础加固技术

铁塔基础是输电线路的重要组成部分和安全稳定运行的基础。近年来，为了节约线路走廊，常常采用对已有线路升级改造的方法来解决电力输送问题。有较多线路在采用增大导线截面、增大线路电压或加大杆塔承重荷载的办法来增加线路输电容量。而这些措施都使线路现在的杆塔基础要承受比原来大的荷载作用，此时需要采取适宜的加固方法。山区铁路基础的持力层主要岩石，其主要问题是增加基础的抗拔能力。

一、增加基础自重

在杆塔基础周围堆土，在杆塔基础上灌筑混凝土外壳，或在杆塔基础周围土体外侧加护墙等以增加基础的抗拔能力。

二、振动密实法

振动密实法是将一个直径 380mm、长 1.8m、重约 1.8t 的振动头深振入土中，使附近的土被振实。当需要振实的深度较大时，还可以将振动头加长。振动头由与电动机连接的旋转轴上的偏心块组成，电动机可以用小型汽油机驱动。工作时，振动头是挂在一台可移动的吊车的吊臂上，使其一面振动一面垂直地下降，依靠振动头的自重逐步振入地中。必要时，还可以在振动的同时向深孔中喷射压缩空气或压力水。振动结束后，在振动头形成的孔中填入碎石，使其形成一个个碎石柱。一般施工时，在颗粒状土中并不需要这些碎石柱，但对杆塔基础来说，增加的碎石可以改善土壤的组成，使其密实度增加。这些石柱的布置模式视杆塔增加的荷载以及原土壤的比重和密实后的土壤比重经计算而确定。

三、压力灌浆法

压力灌浆法首先按照规定的模式，将一个个直径 15cm，长度与基础埋深相同的套管打入地中，然后通过这些套管的下部排浆口向土中压入水泥和粉煤灰配制的水泥浆，使其挤入管底四周的土中，并穿透到回填土的任何大空隙中。操作的过程是先依次向各管中泵入水泥浆，然后逐渐增加压力，直到水泥浆从相邻的管中溢出为止。加压时，钢管的上端要用能胀开的塞子进行密封，以使水泥浆能深度渗入土中。灌浆后3～4h就可拔出套管，而使水泥浆留在土中。

压力灌浆所需要的施工机械是轻型和可移动的。灌浆效果取决于套管外壁和土壤间的密实程度，并与回填土的状况有关。

第六节 临时应急处理措施

边坡灾害应急处理是指在很短时间内，通过地面调查，认识边坡的基本性质、触发因素，并预测其发展趋势，提出应急对策，将边坡造成的经济损失减小到最低程度，避免人员伤亡。

排：截、排、引导地表水和地下水，开挖排水和截水沟将地表水引出滑坡区；对边坡中后部裂缝及时进行回填或封堵处理，防止雨水沿裂隙渗入到滑坡中，可以利用塑料布直接铺盖，或者利用泥土回填封闭；实施盲沟、排水孔疏排地下水。

减：当边坡仍在变形滑动时，在坡体上部清除部分土石，以减轻滑坡的下滑力，提高整体稳定性。应急对策是将边坡造成的经济损失减小到最低程度，避免人员伤亡。

压：当山坡前缘出现地面鼓起和推挤时，表明边坡即将滑动。这时应该尽快在前缘堆填土石加重，能增大抗滑力而稳定边坡。

山区输电线路边坡加固技术的工程应用

第一节　锚固工程加固技术应用实例

一、锚固工程简介

锚固工程：通过对预应力锚索（杆）施加张拉力，使岩体或混凝土结构物达到稳定状态或改善其内部应力状况的工程技术措施。预应力锚索（杆）由锚具、预应力钢材及附件组成，通过施加预应力，对被锚固体提供主动支护抗力的锚固结构。锚固工程普遍应用于危岩体加固、边坡加固和塌岸防护工程中。锚固工程可细分为预应力锚杆和预应力锚索。

预应力锚杆：利用高强钢筋穿过拟失稳的岩土体，将锚固段置于稳定岩土层内的一种锚固方法。它通过施加预应力，改善岩土应力状态，提高岩土抗剪强度，增强坡体的稳定性，是一种主动防护技术。可用于加固土质、岩质地层的边坡或滑坡。

预应力锚索：是锚固的一种，但与预应力锚杆相比，其通常受力更大，长度更长。利用高强、低松弛的钢绞线穿过拟失稳的岩土体，将锚固段置于稳定岩土层内的一种锚固方法。多应用于已出现变形或对变形要求严格的工程部位。对于滑坡、崩塌、危岩体，通过预应力的施加，增强滑面的法向应力和增大对滑体阻滑力，有效地增强其稳定性，或者起到增加其一体性作用，如图 4-1 和图 4-2 所示。

锚固工程为主动防护体系的一种，适用于对于位移要求较高，高度较大（一般土质边坡为 $10\sim15m$，岩质边坡为 $15\sim30m$）、坡度较陡（一般为 $65°\sim85°$）、支护抗力要求较大的边坡。

图 4-1　预应力锚索格构梁工程

图 4-2　预应力锚索地梁工程

二、 工程实例

本节以某 220kV 线路工程某号铁塔边坡为例阐述锚杆锚固技术在边坡支护中的应用。

（一）工程概况

某 220kV 输电线路某号塔，所处地貌为构造剥蚀低中山，塔基位于低中山山脊斜坡上，左高右低，整体坡度 15°～30°，地表为灌木丛，塔位处高程为 1563.00m，前侧、右侧、右后侧受公路扩宽开挖影响，形成高 5.0～20.0m 近直立边坡，塔位前侧坡面上发生不同程度滑移、崩塌及掉块，如图 4-3 所示。

（二）岩土体构成

根据地质调查及公路开挖揭露的断面，场地地层由新至老依次为：粉质黏

图 4-3　塔位边坡地貌图

土、全～强风化玄武岩、中风化玄武岩，现分述如下：

（1）黏土（Q_4 el＋dl）：褐色，可塑状，底部见黄褐色全风化玄武岩碎块，一般厚 0.5～1.0m，平均厚度 0.6m，主要分布在斜坡表层。

（2）全～强风化玄武岩（$P_2\beta$）：灰绿色，块状结构，强风化，岩体节理裂隙极发育，岩体极破碎，锤击声较脆，为较软岩，岩体基本质量等级为 V 级，为碎裂结构岩体，一般厚 5.0～8.0m，平均厚 7.0m，坡顶及坡面全～强风化玄武岩层较厚。

（3）中风化玄武岩（$P_2\beta$）：灰绿色，块状结构，中风化，岩体节理裂隙较发育，岩体较破碎，锤击声清脆，为坚硬岩，岩体基本质量等级为Ⅲ～Ⅳ级，为碎裂～块状结构岩体。

（三）岩土体设计参数

根据该塔边坡工程岩土勘察报告，取边坡岩土体参数如下：

滑体（全～强风化玄武岩）：

天然重度：$22kN/m^3$；

天然抗剪强度：$C=60kPa$，$\varphi=20°$；

饱和重度：$24kN/m^3$；

饱和抗剪强度：$C=48kPa$，$\varphi=16°$；

与锚固体极限黏结强度：$f_{rbk}=120MPa$。

下伏基岩（中风化玄武岩）：

重度：$\gamma=27kN/m^3$；

饱和抗压强度：$f_{rk}=30MPa$；

岩块黏聚力：$C=350kPa$；

岩块内摩擦角：$\varphi=30°$；

与锚固体极限黏结强度：$f_{rbk}=760MPa$；

岩体等效内摩擦角：$60°$；

地基承载力标准值：$f_{ak}=3000kPa$；

基底摩擦系数：0.5。

（四）设计工况及荷载组合

抗滑稳定安全系数：根据 GB 50330—2013《建筑边坡工程技术规范》，判定该塔边坡为一级边坡，安全系数要求 $F_{st}\geqslant1.35$，取 $F_{st}=1.35$；

治理结构设计基准期及设计使用年限：本边坡为永久性工程，安全等级为一级，设计使用年限 50 年，工程重要性系数取 $r_0=1.1$，边坡使用期间严禁超载。

本次治理设计工况主要有天然工况和暴雨工况两种：

天然工况：坡体自重＋铁塔荷载，且一级边坡安全系数为 1.35，计算参数取天然状态；

暴雨工况：坡体自重＋铁塔荷载＋暴雨，一级边坡安全系数分别为 1.35，计算参数取饱和状态；

荷载组合为：自重＋铁塔荷载：在稳定性计算中基本荷载主要为滑体的自重＋铁塔荷载，由于该塔塔位基础为斜柱式基础，基础埋深仅 2.6m，将其荷载等效简化成宽度为 6.4m 的均布荷载 $q=50kN/m^2$。

（五）边坡破坏模式和支护设计

边坡表面岩土体为全～强风化玄武岩，岩体节理裂隙极发育但多为小裂隙，没有贯穿这个边坡的大型裂隙，岩体极破碎，岩体基本质量等级为Ⅴ级，为碎裂结构岩体，因此判定边坡主要滑动模式为圆弧滑动和局部的掉块；采用圆弧滑动分布计算两种工况下的边坡支护抗力，经过计算边坡的最大支护设计抗力 $F=1196.75kN/m$。

本工程为塔基边坡工程，处了要保证边坡本身的稳定外还需要控制塔基位移，避免塔基有较大的位移，拟采用主动防护体系进行治理。经过综合比较，边坡采用预应力锚索格构＋喷浆植草的综合治理措施进行治理；根据计算，选取锚索间距为 3m×3m，共计 8 行 12 列 96 根，锚索入射角为 25°，设计预应力锚索轴向拉力标准值为 500kN，锚索采用 6 束 1860 级钢绞线。

第二节　支挡工程加固技术应用实例

一、支（拦）挡工程简介

支（拦）挡工程可分为悬臂式抗滑桩、预应力锚拉抗滑桩、锚杆式挡墙、加筋土挡土墙、重力式挡土墙、防崩（落）石槽（台）、拦石网与拦石桩（柱）及支撑墩（柱）、拦挡坝（墙、堤）等九大类。

悬臂式抗滑桩：是穿过滑坡体深入滑床的柱形构件，通过桩身将上部承受的坡体推力传给桩下部的侧向土体或岩体，依靠桩下部的侧向阻力来承担边坡的下推力，而使边坡保持平衡或稳定，适用于浅层和中厚层的滑坡。抗滑桩是滑坡治理工程及塌岸防护工程中经常采用的一种工程措施，桩截面形状一般为矩形，如图 4-4 所示。

预应力锚拉抗滑桩：当滑坡滑体厚度大，剩余推力大，设计弯矩大，抗滑桩悬臂段外露时，常采用预应力锚拉抗滑桩治理滑坡。预应力锚索设置在桩头，一般布置一排或两排，少数布置 3 排预应力锚索，如图 4-5 所示。

图 4-4 悬臂式抗滑桩

图 4-5 预应力锚索抗滑桩

　　锚杆式挡墙：由肋柱、面板、锚杆组成，靠锚杆（索）拉力维持稳定的挡土结构。用水泥砂浆把钢筋杆或多股钢丝索等锚固在岩土中作为抗拉构件以保持墙身稳定，支挡岩土体的挡墙。锚杆式挡墙一般多适用于岩质滑坡及塌岸工程的治理，如图 4-6 所示。

图 4-6 锚杆式挡墙

　　加筋土挡土墙：由墙面系、拉筋和填土共同组成的挡土结构。利用土内拉筋与土之间的相互作用，限制墙背填土侧胀，或以土工织物层层包裹土体以保持其稳定的由土和筋材建成的挡土墙。加筋土挡墙可用于物理力学性质较差、软弱土层，如图 4-7 和图 4-8 所示。

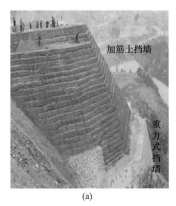

(a)　　　　　　　　　　　　　(b)

图 4-7　加筋土挡土墙

（a）加筋土挡墙（土工格栅，无面板，高 35m）；（b）加筋土挡墙（CAT 筋带，有面板，高 57m）

图 4-8　加筋格室挡土墙

重力式挡土墙：依靠墙体本身重量抵抗土压力的挡土墙。一般采用毛石、水泥砂浆砌筑，是一种就地取材、经济快捷的最常用的支挡方法，常于治理推力不大的小滑坡、边坡塌滑，如图 4-9 所示。

图 4-9　浆砌石挡土墙

防崩（落）石槽（台）：在危岩落石地段，拦截落石的槽形设施。当落石地点和保护对象之间有富余的缓坡地带，并有覆盖层时，开挖大致平行于保护对象的沟槽，使坠落的石块停积在落石槽中。

拦石网与拦石桩（柱）：采用锚杆、钢柱、支撑绳和拉锚绳等固定方式将金属柔性网以一定的角度安装在坡面上，形成栅栏形式的拦挡结构，从而实现对落石拦截的一种防护网。常用于陡崖或山坡下部坡度大于35°且缺乏一定宽度的平台而不具备建造拦石墙的时候。拦石网包括被动柔性防护网（见图4-10）和主动柔性防护网（见图4-11）两类。

图 4-10　被动柔性防护网

图 4-11　主动柔性防护网

被动柔性防护网主要针对落石滚落弹跳的拦截，在陡坡上应考虑网下卷边兜底防止拦截的石块漏出形成危害，有的尚需考虑网后拦石的清理方法。应充分考虑大石块对立柱的砸击作用，必要时设置立柱保护墩。

主动柔性防护网：主要针对产生浅表层松动落石的危岩斜坡进行包裹防止石块坠落，对固定网的锚杆应分类单独设计，提出设计锚固力。陡坡上还应考虑网下卷边兜底防止石块漏出形成危害。

支撑墩（柱）：主要用于危岩体的治理，防止危石、危岩体塌落，提高其稳定性。在危石、危岩体下方凹腔处设置支撑墩（柱），以支撑上覆危岩体重量，提高危岩抗坠落、抗倾倒破坏的稳定系数。支撑墩（柱）承载力较大，而与地基接触面较小，对地基要求较高，如图 4-12 所示。

图 4-12　支撑墩（柱）

二、工程实例

本节以某 220kV 线路工程 J2 号铁塔边坡为例阐述支（拦）挡工程（抗滑桩）技术在边坡支护中的应用。

（一）工程概况

J2 号铁塔边坡坡高约 40m，坡向 120°～140°，横长 30m，边坡整体上缓下陡，上半段边坡高 9m，呈三个平台（见图 4-13），从上至下平台高差为 6m、3m，平台纵向宽度 16m、10m、6.5m，第一个平台上的构筑物为渔鸟、渔华、渔泉 P3 铁塔，第二、三个平台上的构筑物为 P3 铁塔（110kV 同塔四回），两基塔采用的是斜柱式基础，基础宽×深＝4.5×4.0m，基底持力层为强风化泥岩。中部边坡高 15m，坡度 45°～56°，采用 2×2 的格构式无黏结拉力型预应力锚索支护，锚索长 11.5～26.5m，下半段边坡高 15m，坡度 73°，采用 2×2 的格构

图 4-13 塔位边坡地貌图

式无黏结拉力型预应力锚索支护，锚索长 8.5m；锚索锚孔直径 110mm，采用 6 股强度等级为 1860MPa 的钢绞线，锚固段长 5m，胶结材料为 M25 水泥砂浆，自由段采用 PE 管包裹，充填防腐油脂，单根锚索轴向拉力标准值 $N_{ak}=330kN$。J2 号铁塔新塔位 A、B、C、D、E 腿均位于边坡上；J2 号铁塔桩基施工不破坏现有边坡外观，基础施工将剪断 30 根既有锚索。由于新建 J2 号铁塔会增加铁塔荷载且会破坏边坡的原有支护锚索，在建立 J2 号铁塔之前必须对边坡进行加固。

（二）岩土体构成

据地表调查、坑探及钻探揭露，勘察范围内岩土构成主要为第四系可塑状粉质黏土、二叠系中统吴家坪组（P_2w）强风化泥岩、互层状强风化泥岩、灰岩及强～中风化灰岩构成，现自上而下依次描述如下：

（1）第四系人工（Q4ml）素填土：杂色、稍密、稍湿，成分以黏土、碎石为主，级配一般，均匀性中等，厚 1.5～3.9m，分布于坡顶原铁塔基坑内。

砼：为坡顶原铁塔基础底板，厚 0.7～1.7m。

（2）第四系残坡积（Q4el＋dl）粉质黏土：褐色，可塑，能搓成细长条，手捻有砂感，含强风化泥岩碎块，粒径 2～20mm，一般厚 0.5～1.5m，平均厚度 1m，表层 0.5m 为耕殖土，分布于 J2 号铁塔附近。

（3）二叠系中统吴家坪组（P2w）泥岩：褐色，薄层状，泥质结构、泥质、铁锰质胶结，强风化，锤击声哑、镐可挖掘，岩块手可扳断、捏碎，为极软岩，节理裂隙间距 4～15mm，结构面平直光滑闭合、部分夹小于 1mm 厚泥膜，表层 3～5m 结构面微张，结构面现铁锰质浸染，延伸长度 0.5～2m，节理裂隙极发育，钻探漏水严重，无返水，结构面结合程度很差～极差，岩体基本质量等级为 V 级，为碎裂结构岩体，岩芯呈砂状、碎块状，分布于在 J2 号铁塔边坡顶部，边坡岩体类型为Ⅳ类。岩层层面产状为 213°∠43°，J2 号铁塔边坡为切向坡。

边坡岩体类型为Ⅳ类。岩层层面产状为 213°∠43°，J2 号铁塔边坡为切向坡。

（三）计算参数

稍密素填土：$\gamma = 19\text{kN/m}$，$c = 5\text{kPa}$，$\varphi = 20°$。

可塑黏土：$\gamma = 18\text{kN/m}$，$c = 30\text{kPa}$，$\varphi = 7°$，$f_{ak} = 150\text{kPa}$，$Es = 6\text{MPa}$。

中风化白云质灰岩：$\gamma = 27\text{kN/m}^3$，$f_a = 5000\text{kPa}$，$q_{pa} = 5000\text{kPa}$，$q_{sa} = 300\text{kPa}$，外倾结构面内摩擦角 $\Phi = 18°$，黏聚力 $C = 40\text{kPa}$。白云质灰岩的水平地基系数 $k = 500000$（kN/m^3）、竖向地基系数 $k_0 = 800000$（kN/m^3），采用 M30 水泥砂浆注浆时 $f_{rbk} = 1200\text{kPa}$。

该塔边坡的计算剖面如图 4-14 所示。

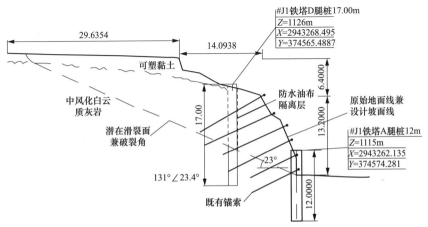

备注：该边坡为顺层岩质边坡，采用桩基础将铁塔竖向荷载传递到边坡潜在滑裂面以下稳定岩体中，在桩顶新增预应力锚索以平衡铁塔水平荷载

图 4-14　计算剖面简图

（四）设计工况及荷载组合

抗滑稳定安全系数：根据 GB 50330《建筑边坡工程技术规范》，判定该塔边坡为一级边坡，安全系数要求 $F_{st} \geqslant 1.35$，取 $F_{st} = 1.35$；

治理结构设计基准期及设计使用年限：本边坡为永久性工程，安全等级为一级，设计使用年限 50 年，工程重要性系数取 $r_0 = 1.1$，边坡使用期间严禁超载。

本次治理设计工况主要有建立铁塔前和建立铁塔后工况两种：

天然工况：坡体自重，且一级边坡安全系数为 1.35，计算参数取天然状态。

暴雨工况：坡体自重＋铁塔荷载＋立塔后破坏，一级边坡安全系数分别为 1.35，计算参数取天然状态。

荷载组合为：自重＋铁塔荷载；在稳定性计算中基本荷载主要为滑体的自重＋铁塔荷载，由于 J2 号铁塔塔位基础为桩基础，基础埋深为 10mm，将其荷载等效简化成宽度为 5m 的均布荷载 $q＝50kN/m^2$。

（五）边坡破坏模式和支护设计

J2 号铁塔所在边坡为切向坡，边坡可能的破坏模式为沿坡顶强风化泥岩层的圆弧滑动（局部），及沿边坡中下部互层状泥岩、灰岩层的直线形滑动和沿坡顶强风化泥岩层的圆弧滑动（整体）；本节将分别分析施工期及运行期边坡的局部及整体稳定性。

采用岩体破裂角计算两种工况下的边坡支护抗力，经过计算边坡的最大支护设计抗力 $F＝1200kN/m$。

本工程为塔基边坡工程，除了要保证边坡本身的稳定外还需要控制塔基位移，避免塔基有较大的位移，拟采用抗滑桩进行治理。

第三节　护坡工程加固技术应用实例

一、护坡工程简介

护坡工程可分为锚喷支护、格构护坡、砌石护坡、石笼护坡、抛石护坡、护面墙及植被护坡等几类。

锚喷支护：应用锚杆与喷射混凝土形成复合体以加固岩体的措施。即：依靠岩土体、锚杆、钢筋网和混凝土面层共同工作来提高边坡岩土的结构强度和抗变形刚度，减少岩土体侧向变形，增强边坡的整体稳定性的一种支护体系。采用锚杆或锚固钉将菱形、矩形金属网或高强度聚合物土工格栅固定在边坡上，网（格栅）上下喷射混凝土，由此对边坡进行防护。它主要适用于岩性较差，强度较低，易于风化的岩石边坡；或虽为坚硬岩层，但风化严重，节理发育，易受自然应力影响导致大面积碎落以及局部小型崩塌落石的岩质边坡；或边坡岩石破碎松散，极易发生落石崩塌的边坡防护；也适用于滑裂面发育较浅的土质边坡，或需要临时支挡和局部加固的边坡。

护面墙：为免受大气影响而修建的贴坡式防护墙，适用于各种软质岩层和较破碎岩石的挖方边坡以及坡面易受侵蚀的土质边坡。

植被护坡：是通过种植草、灌木、树，或铺设工厂生产的绿化植生带等对边坡进行防护的植被措施。一般适用于需要快速绿化，且坡率缓于 1∶1 的土质边坡和严重风化的软质岩石边坡。

二、护坡工程加固技术应用实例

为防止边坡发生崩塌影响塔基的稳定性，通过在坡面修筑护坡工程进行加固，这比削坡节省投工，速度快。常见的护坡工程有：干砌片石和混凝土砌块护坡、浆砌片石和混凝土护坡、格状框条护坡、喷浆和混凝土护坡、铺固法护坡等。本节以某线路工程 SN16 号塔进行护坡加固技术介绍。

（一）工程概况

某线路工程 SN16 号塔位于低中山残坡积丘陵地貌斜坡平台上，塔位地段相对开阔平缓，塔位边坡北侧约 5m 处为某 220kV 变电站站内治理边坡。塔位边坡在公路开挖时经过了放坡治理，分为两级放坡。从上往下第一级放坡高度约 4m，放坡比约 1∶1.0（坡度约 45°），第二级放坡高约 12m，放坡比为 1∶1.5（坡度 33°）。两级放坡中间设有马道，马道宽约 4m，地表长满了杂草、灌木等植被。塔位地形整体呈前高后低、北高南低的趋势。塔位后侧原始地貌因长期降雨形成了局部的浅层滑坡，滑坡宽约 20m，高约 15m，坡向为 160°，坡度为 30°～42°的边坡。边坡可见明显的裂缝和滑坡后缘，部分裂缝和滑坡后缘位于拟建的 SN16 号塔四条塔腿范围内。在边坡两侧发育有明显的地裂缝，裂缝延伸方向为南北向，长度 1～4m，宽度约 30cm。初步分析边坡失稳的原因是在持续降雨后，塔位山体岩土体被水浸泡后抗剪强度变低，导致塔位南侧坡体发生了表层滑动。详见图 4-15。

图 4-15 SN16 号塔南侧边坡

（二）岩土体构成

塔基所处山体区域土层厚度分布不均，据塔位滑坡和附近地质调查，覆盖层为第四系全新统残坡积（Q4el＋dl）粉质黏土，厚 1～6m，下伏基岩为石炭系下统大塘组（C1d）泥岩，现将地层岩土组成及特性分述如下。

（1）粉质黏土（Q4el+dl）：灰白色、黄褐色、土黄色，软塑～可塑状，黏性一般，土体较松散，含30％左右泥岩风化残块，直径2～30cm，厚度1.0～6.0m，平均厚度为4.0m，分布于边坡顶部及边坡坡面。

（2）全～强风化泥岩（C1d）：黑色、黄色，薄层状，泥质结构，节理裂隙发育，岩体极破碎，为极软岩，岩体基本质量等级为V级，用手易扳断，遇水、暴露时间长易发生风化、软化和崩解，且根据调查和变电站内部岩体揭露，该地层遇热有大量气体喷出，需要考虑该地层的防水、排气问题，该层平均厚度厚约5.0m，产状为50°∠85°。

（3）中风化泥岩（C1d）：黑色、黄色，薄层状，泥质结构，节理裂隙发育，岩体较破碎，为较软岩，岩体基本质量等级为IV级，用手易扳断，遇水、暴露时间长易发生风化、软化和崩解，且根据调查和变电站内部岩体揭露，该地层遇热有大量气体喷出，需要考虑该地层的防水、排气问题，该层平均厚度厚约5.0m，产状为50°∠85°。

（三）岩土体设计参数

根据工程经验和边坡反算，工程岩土体参数如表4-1所示。

表4-1 岩土物理力学指标

土层	计算厚度（m）	重度 γ（kN/m³）	内摩擦角 Φ（°）	黏聚力 c（kPa）
粉质黏土	4.0	17	12	18
全～强风化泥岩	5.0	22	20	40
中风化泥岩	20.0	24	30	120

（四）设计工况及荷载组合

抗滑稳定安全系数：根据GB 50330《建筑边坡工程技术规范》，判定该号塔边坡为一级边坡，安全系数要求 $F_{st} \geq 1.35$，取 $F_{st} = 1.35$。

治理结构设计基准期及设计使用年限：本边坡为永久性工程，安全等级为一级，设计使用年限50年，工程重要性系数取 $r_0 = 1.1$，边坡使用期间严禁超载。

本次治理设计工况主要有天然工况和暴雨工况两种：

天然工况：坡体自重＋铁塔荷载，且一级边坡安全系数为1.35，计算参数取天然状态。

暴雨工况：坡体自重＋铁塔荷载＋暴雨，一级边坡安全系数分别为1.35，计算参数取饱和状态。

荷载组合为：自重＋铁塔荷载指在稳定性计算中基本荷载主要为滑体的自重＋铁塔荷载，由于 SN16 号塔塔位基础为桩基础，基础埋深为 8.0m，将其荷载等效简化成宽度为 5.5m 的均布荷载 $q＝50$kN/m^2。

（五）边坡破坏模式和支护设计

边坡表面岩土体为粉质黏土和全～强泥岩，岩体节理裂隙极发育但多为小裂隙，没有贯穿这个边坡的大型裂隙，岩体极破碎，岩体基本质量等级为Ⅴ级，为碎裂结构岩体，因此判定边坡主要滑动模式为圆弧滑动；采用圆弧滑动分布计算两种工况下的边坡支护抗力，经过计算边坡的最大支护设计抗力 $F＝300$kN/m。

本工程为塔基边坡工程，除了要保证边坡本身的稳定，且岩土体本身易崩解，必须进行封闭。由于下滑力较小，经过综合比较，边坡采用放坡＋浆砌块石护坡的方式进行治理。

对 SN16 号塔基进行南侧边坡进行支护处理，遵循"先治理边坡后治理立塔"的原则。建议治理宽度为塔基范围内和塔基两侧各 5m，治理总宽度为 20m，具体范围详见图 4-16，对边坡上部平台进行混凝土素喷防水，坡体采用两级放坡，每级高度为 8m，坡比为 1：1.50，然后采用浆砌块石护坡封闭，为了美观可以在边坡进行混凝土抹面，同时设置好排水气孔，防止该边坡滑塌影响到拟建塔基的安全运行。

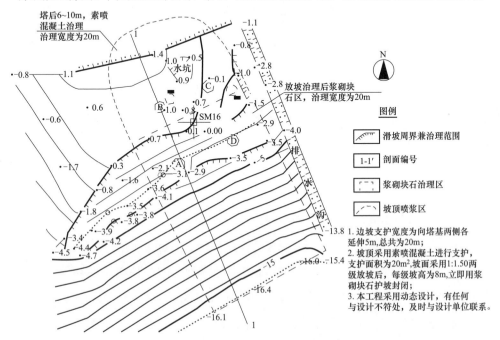

图 4-16　SN16 号塔基南侧边坡工程支护设计平面图

第四节 排截水工程

排（截）水工程总体可分为浆砌排（截）水沟、盲沟、排水隧洞及排水井（孔）四大类，山区输电线路边坡中主要使用的是截排水沟，适用于地下水汇水面积较大，岩土体性质较差的铁塔边坡。

排（截）水沟：排水沟为将边沟、截水沟的汇水和（滑）坡体附近及其（滑）坡体内低洼处积水或出露泉水引向坡体以外的水沟。也可用于挡土墙前，引排挡土墙上排水孔排出的墙后地下水。截水沟是拦截坡面地表径流的排水沟。一般是设在（滑）坡体前缘或（滑）坡体后缘，远离裂缝5m以外的稳定斜坡面上，用以拦截上方来水，防止（滑）坡体外的水流入（滑）坡体内。在陡坡地段，应设置排水沟跌水坎、急流槽，以利于水流消能和减缓流速。排（截）水沟断面形式常用梯形、矩形或抛物线型沟底。

排（截）水工程应用于大部分铁塔边坡工程，但是一般不单独使用，一般与其他支护措施共同组成边坡的综合支护形式。

第五节 削方减载工程

削方减载：通过清除滑坡、不稳定斜坡推力区的岩土体达到减少下滑推力，使滑坡，或不稳定斜坡满足规定的安全系数的一种间接治理地质灾害体的工程方法。一般来说，减载在滑体后缘推力区削方，削除岩土体一部分或大部分，把被削除的岩土体放置在滑坡的阻滑区，或滑体外围。它适用于以下3种情况：一种是为格构工程施工；第二种是为规模不大滑坡的局部治理工程；第三种是体积大、厚度大且采用支挡工程难度大的滑坡治理工程。对于一般牵引式滑坡或滑带具有卸载膨胀性质的滑坡，以及滑动块体较为破碎或分割成多个块体，不宜采用削方减载措施。

土石压脚：采用土石等材料堆填滑坡体前缘，通过提高滑坡前缘阻滑力，设置反滤层和进行防冲刷护坡实现提高滑坡稳定性，或防护塌岸的功能。它适用于滑坡前缘有阻滑段的滑坡治理，或塌岸防护，常用于滑坡应急治理。

排（截）水工程应用于部分铁塔边坡工程，但是一般不单独使用，一般与其他支护措施共同组成边坡的综合支护形式。土石压脚方案一般作为边坡的临时应急处理措施使用。

第六节　应急处理措施

一、　应急处理措施简介

　　线路铁塔的正常运行是一项关系到国民用电的民生问题，必须保证在突发抢险事件来临时尽量保证的国民用电问题。有时候面临一些铁塔问题需要采用应急处理措施。采取应急处理措施是线路铁塔边坡中经常遇到的问题，正确及时的应急处理措施不仅可以为工程治理预留足够的时间还能在工程治理前保证铁塔边坡的稳定，做到在边坡治理期间能保证电力供应，不耽误生产生活。

　　应急处理措施主要包括开挖简易的截排水沟、盖防水油布、裂缝封闭、反向拉线、土石（沙袋）发压、基础开裂修复等。

二、　应急处理措施工程实例

　　本节以某220kV线路工程21号铁塔边坡为例阐述锚杆锚固技术在边坡支护中的应用。

　　（一）工程概况

　　某220kV线路工程某号塔位于贵州省贵阳市息烽县内，近期该塔所处山体发生了大面积滑坡（详见图4-17和图4-18），主要滑坡区域位于铁塔后侧东南方向，滑动方向约145°，滑动规模较大，坡高约30m，宽约20m，形成坡度为50°~60°，且有一条宽度为1~5cm的裂缝基本贯通塔位山体。

图4-17　铁塔东南侧滑坡　　　　　　图4-18　滑坡形成的裂缝

（二）岩土体构成

21 号山体边坡岩体岩性从上到下依次为：中风化灰岩、强～中风化泥质白云岩、中风化灰岩。

中风化灰岩：灰色，薄层至中厚层状，隐晶质结构，层状构造，节理裂隙较发育，层面较光滑，钙质胶结，为硬质岩，岩层产状为层面产状为 153°∠41°，厚度 2～3m。

强至中风化泥质白云岩：灰白色，厚层夹薄层，局部有褶皱、扭曲构造，节理裂隙极发育，层面光滑，泥质胶结，为软质岩，遇水易泥化，岩层产状为层面产状为 153°∠41°，厚度约 10m。

中风化灰岩：灰色，薄至中厚层状，隐晶质结构，层状构造，节理裂隙较发育，层面较光滑，钙质胶结，为硬质岩，岩层产状为层面产状为 153°∠41°。

（三）边坡破坏模式和稳定性评价

根据滑动面产状及滑坡破坏形态判定滑动模式为顺层滑动，现场分析滑动原因是人工开挖形成了临空面和大量放炮震动使得岩体结构面破碎贯通造成了大面积的顺层滑动；根据现场踏勘和力学计算判定铁塔位于滑动范围内，21 号塔山体滑坡处于不稳定状态，随时有继续滑动的可能，21 号塔随时有倒塔的可能，需要尽快对铁塔边坡进行治理或对铁塔进行迁移。

（四）边坡处理措施

为维持铁塔山体现状，保证铁塔近期稳定性，必须对铁塔边坡采取临时措施进行治理。

（1）立即停止对山体施工开挖，在垮塌范围内 100m 内拉警戒线，禁止行人和车辆通行，且在垮塌山体周围 300m 内严禁放炮。

（2）在雨季来临前对边坡表面裂缝进行填堵，做好防水措施，边坡山体范围能进行喷浆处理；喷浆工艺要求：喷浆前应自上而下清除坡面的松土、碎石以及风化岩层，刷坡时要求坡面尽可能平顺；喷浆前应进行试喷，选择合适的水灰比和喷射压力，喷浆厚度不小于 10cm，需要混凝土方量约 500m³，混凝土强度不小于 C25；喷浆过程中注意防水，且及时对喷浆顶部进行封闭处理，避免喷浆层发生破裂或喷浆层与下部岩土层发生整体分离；喷浆施工过程应符合信息法施工要求，其他未尽事宜必须满足相关规范要求。

（3）对滑坡垮塌区下方坡脚进行反压处理，可采用沙袋反压，坡脚反压坡度应不小于 1:1.5，沙袋内砂石干密度不小于 20kN/m³，反压高度不小于 20m，且每 5m 高设置马道，宽度不小于 1.2m，反压宽度不小于 30m。

（4）应立即委托有变形监测资质、并对高压输电线路有勘测设计经验的单位对铁塔及山体进行变形监测，且要求每天要专门人员进行巡逻，特别是下雨天气必须加强观察，发现问题及时报相关单位进行应急处理。

（5）立即将该滑坡隐患上报安检部门，进行安全备案。

通过以上应急处理措施，为 21 号塔边坡争取了足够的迁改时间，在工程迁改中保证了该 220kV 线路的正常运行，整个迁改工程做到了不断电、不停电，超额完成了甲方要求，应急处理措施的优点在此处体现得淋漓尽致。

线路铁塔边坡是保证电力正常运行的一个重要方面，是关系到国民生产生活的一项民生工程。从上述铁塔边坡支护方式可以看出，应该根据铁塔边坡的规模、破坏模式、岩土体性质、支护抗力大小、铁塔基础形式等选取合理的支护方式。铁塔边坡治理有采用单一支护方式进行治理，但是大部分工程中经常用到几种支护结构组合加固边坡，如锚杆—格构梁结构、桩锚结构、截排水＋植被防护等。在铁塔边坡治理应根据实际情况选取不同的支护方式，做到安全、经济、合理。

山区输电线路边坡工程施工与质量控制

第一节　边坡工程与信息化施工

边坡工程信息施工是指通过监测边坡坡体及支护结构的受力、位移变化等情况，指导边坡工程处置和保证边坡工程的安全运营，以便在出现问题前及时采取有效的措施，将损失降到最低。为指导施工、验证设计参数，并提高设计理论水平，边坡处置中某些结构物还需要做现场试验，通过现场试验发现问题、解决问题。

边坡及其支护结构在各种力的作用和自然因素的影响下，其工作形态和状况随时都在发生，如果出现异常而又不能及时掌握，任其险情发展，其后果是严重的。但如果能运用必要的有效观测手段对边坡工程进行信息施工和监测，及时发现问题，采取有效措施，就可避免出现灾难性的事故，保证边坡工程正常快速施工和工程的安全运营。

信息施工方法（又称动态施工方法）是目前施工中的一种先进技术，它充分利用目前先进的勘察、计算、监测和施工工艺等手段，利用从边坡的地质条件、施工方法等获取的信息，反馈并修正边坡设计，指导施工。具体做法是：在初步地质调查与围岩分类的基础上，采用工程类比和理论分析相结合的方法，进行预设计，初步选定高边坡加固与施工方法。然后在高边坡开挖和加固过程中进行边坡变形监测，作为判断边坡稳定性与加固设计合理性的依据。并且将施工监测获取的信息反馈于边坡设计与施工，确认支护参数与施工措施或进行必要的调整。其设计与施工流程如图 5-1 所示。

对于边坡的稳定性分析，应在实地工程地质勘察、试验的基础上进行地质、岩土体结构、参数的敏感性分析与经济技术分析，确定易突破的关键部位与结构，做到重点部位重点防治，据此制定优化合理的治理方案，选择高水平的施工力量施工，防患于未然。

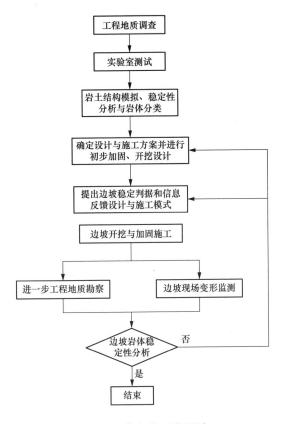

图 5-1　信息施工流程图

一、 信息收集过程

信息设计与施工的关键是收集信息。信息的来源主要分两个阶段：一是勘测阶段，通过勘察信息确定初步设计方案和施工方法；二是施工阶段，收集施工期的进一步勘察、施工方法信息，进行反馈分析，必要时修正初步设计方案和施工方法，达到最优化的设计和施工方案。

如何收集并利用边坡工程地质信息和先进的勘察、试验与计算手段为设计服务，使设计尽可能切合实际尤为重要。所以，现场工程地质勘察、先进的试验方法和设计理论成为获取信息资料和科学设计的必要手段。

一般而言，岩土工程体系的信息可从以下四方面取得。

（1）经验信息，这是工程技术人员设计与施工经验的总结；

（2）观察信息，由地质调查、勘察等方法得到的信息；

（3）理论信息，根据前两种信息采用理论计算、试验研究等方法所得到的信息；

（4）施工信息，通过实际开挖和施工所获得的信息。

由于岩土体的复杂性，从前三个方面取得的信息是很不够的，更多的而且更可靠的信息来自施工，即施工信息。这里提出的信息施工的目的就是主张从开挖施工过程中获取尽量多的信息，进行分析处理，用以指导施工。

二、 信息施工过程

实施信息施工，应做三方面的工作，即获取施工信息、信息分析和处理、指导施工。

（一）通过开挖坡面和钻孔作业以及现场监测等途径获取施工信息

在开挖时由专人记录岩体开挖暴露的节理、裂隙、密度、地下水等信息，现场测定必要的力学指标。在钻孔作业中可分析钻孔排出物，判断岩体深部岩性变化、深层地下水等信息。

对于开挖岩体的及时勘察和编录是信息施工的首要工作。对开挖后的岩体进行全面勘察，分析岩体的结构特性及对边坡稳定性的影响。同时还作现场取样，进行实验室测试，以进一步了解其岩性及结构面特征。

（二）信息分析和处理

对获取的信息首先进行分类、整理、优化，然后通过相应的分析软件进行分析处理，根据得出的结论为下一步开挖施工提供决策依据。

（三）根据信息分析处理结果改变开挖方法和加固方法

边坡工程施工应根据信息分析处理结果改变开挖方法和加固方法。如边坡工程施工按逆作法进行施工，边坡岩体分多层开挖，在开挖上层并做锚喷网加固后，对边坡表面进行监测与观测。对锚杆做拉拔测试，根据施工后的各种信息决定下一步开挖与加固方法及施工应注意的问题。

三、 信息施工技术

（一）信息收集

信息采集系统通过设置于加固结构体系及与其相互作用的岩土体和相邻建

筑物中（或周边环境）的监测系统进行工作，以获取如下信息：

（1）加固结构的变形；

（2）加固结构的内力；

（3）岩土体变形；

（4）锚索锚杆变形与应力；

（5）相邻建构筑物的变形。

（二）信息处理与反馈

采集到的数据应及时进行初步整理，并清绘各种测试曲线，以便随时分享与掌握加固结构的工作状态，对测试失误原因进行分析，及时改进与修正。信息的反馈主要通过计算机输入初步整理的数据，用预测程序进行系统分析。

根据处理过的信息，定期发布监测简报，若发现异常现象预示潜在威胁时，应发布应急预报，并应迅速通报设计施工部门进行研究，对出现的各种情况做出决策，采取有效的措施，并不断完善与优化下一步设计与施工。信息施工技术框图如图 5-2 所示。

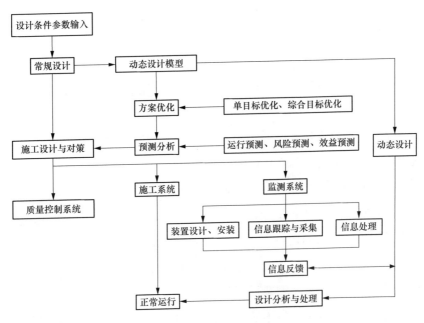

图 5-2　信息施工技术框图

（三）信息施工技术内容

信息施工技术内容可归纳为以下几点：

（1）对加固结构体系设计方案全过程进行反演和过程优化；

（2）预测各因素对加固体系的影响及其权重和后果分析；

（3）做出施工方案可行性和可靠性评估；

（4）随施工过程做出风险评估和失控分析；

（5）提供决策依据，并提出相应措施。

（四）边坡信息施工要点

（1）边坡施工方案必须根据信息设计要求确定，做到开挖、加固和监测有机结合。

（2）为了减少爆破对人工边坡的破坏，边坡开挖时采用松动加预裂爆破或缓冲爆破。预裂爆破的主要模样不在于保持坡面多么光滑，而是减少爆破振动对坡面及岩体的破坏。在软岩中使用缓冲松动爆破，必须靠坡面顶留2m以上的缓冲层，这样才能有效地阻隔振动波。而缓冲层可用挖掘机的铲斗铲除。

（3）适时加固是信息设计和施工的重要原则之一，为了防止边坡开挖暴露时间过长而受雨水侵蚀，设计要求及时加固边坡，并提出低台阶（2.5～5m）开挖，边开挖边加固的要求。

第二节　边坡工程变形监测技术

变形监测的内容相对较多，主要有地面变形监测和地下变形监测，物理参数如应力应变等参数的监测，环境因素如地下水、天气、地震因素的监测。

应根据不同的监测对象，布置不同的监测基准网。对于杆塔倾斜监测和杆塔挠度监测，宜采用监测基线。对于滑坡监测，宜采用导线网、GNSS网、三角网。基准点与工作基点的选点原则同垂直位移监测基准网。基准点和工作点一般应纳入同一级网内，同一平差，避免因分级传递带来的误差影响。水平位移监测基准点应设置观测墩，安装强制对中观测装置。

边坡变形的地表变形监测主要采用的是大地测量法和近景摄影测量法。

（1）常规地面测量技术的完善与发展，其显著进步是全站仪的广泛应用，尤其是全自动跟踪全站仪，也称测量机器人，为局部工程变形的自动检测或室内检测提供了一种很好的技术手段，它可进行一定范围内无人值守、全天候、全自动的自动监测。监测结果稳定可靠，除可直接作为监测手段外，还作为其他监测手段的检验手段。其最大的缺陷是对通视条件有一定的要求，测程有一定的限制。

（2）测量机器人。测量机器人是一种能代替人进行自动搜索、跟踪、辨识和精准照准目标并获取角度、距离、三维坐标以及影像等信息的智能型电子全站仪。它是在全站仪基础上集成步进马达、CCD 影像传感器构成的成像系统，并配置智能化的控制及应用软件发展而形成。测量机器人通过 CCD 影像传感器和其他传感器对"目标"进行识别，迅速做出分析、判断和推理，实现自我控制，并自动完成照准、读数等操作，很大程度上能够减少人的工作，减少照准误差，提高测量精度。

（3）地面近景摄影测量。用地面摄影测量的方法测定输电线路杆塔、边坡、滑坡体等的变形，就是在变形体周围选择一些稳定的基准点，在这些点上对变形体进行摄影，然后通过加工处理，确定其大小、形状和几何位置等信息。

在变形监测中的应用虽然起步较早，但是由于摄影距离不能过远，加上绝对精度较低，使得其应用受到局限。

（4）光、机、电技术的发展，研制了一些特殊和专用的监测仪器，可用于变形的自动监测，包括应变监测、应力监测、倾斜监测、位移监测、准直监测等。利润光纤传感器测量系统，将信息测量与信号传输合二为一，具有很强的抗雷击、抗电磁干扰和抗恶劣环境的能力，便于组成遥测系统，实现在线分布式监测。

（5）GNSS 最大的特点是可以同时测定三维坐标，且不受通视条件的影响，精度高，可全天候观测。GNSS 观测具有多种作业模式，从静态观测到动态观测，从单点定位到局部甚至广域差分，从事后处理到实时处理，绝对精度从毫米级到米级，从而大大扩展了其应用范围和在各行各业中的应用。GNSS 观测具有高精度、实时、连续、全天候、自动监测的特点。

（6）三维激光扫描技术。三维激光扫描可以同步获取目标点的三维坐标，通过激光脉冲依次扫描过被测区域，通过测量每个激光脉冲从发出到经被测物体表面反射再返回仪器所经过的时间差（或相位差）来计算斜距 S，并通过扫描控制模块测量每个脉冲激光的水平角 α 和垂直角 θ，即可计算得到激光点在仪器坐标系中的三维坐标。

第三节　边坡工程施工质量检验评定及竣工验收

边坡工程质量检验评定及竣工验收主要是参照"工程施工质量检验评定标准"，对边坡工程进行工程质量检验时，具体试验检测还要以设计文件和有关"工程设计规范"的规定为依据。设计文件中对边坡开挖的规定，支挡防护结构等结构物各部分结构尺寸、材料要求是试验检测的基本依据。边坡开挖、结构施工过程的工艺要求，施工阶段结构材料强度、结构内力和变形控制等均要以相关技术规定为依据。

一、 边坡工程施工质量检验要求

（一）隐蔽工程

由于隐蔽工程一旦隐蔽，很难再核实其施工质量。因此隐蔽工程在隐蔽前应由施工单位通知输电运维单位进行验收，并形成验收文件，验收合格后方可继续施工。

隐蔽工程验收参照 GB 50202《建筑地基基础工程施工质量验收规范》、GB 50204《混凝土结构工程施工质量验收规范》、GB 50205《钢结构工程施工质量验收规范》相关条款执行。

（二）地基基础

地基基础的砂、石子、水泥、钢材等原材料的质量、检验项目、批量和检验方法，应符合国家现行标准的规定，验收时应检查其检验报告，基础应达到设计要求和相应的标准。

（三）锚杆（索）工程

锚杆（索）工程应进行质量检验和验收试验，按设计要求和质量合格条件验收，工程验收应提交下列文件：

（1）原材料出厂合格证，材料现场抽样试验报告和代用材料试验报告，锚杆（索）浆体强度等级检验报告；

（2）锚杆（索）工程施工记录；

（3）隐蔽工程检查验收记录；

（4）设计变更文件；

（5）锚杆（索）验收试验报告；

（6）工程重大问题处理文件；

（7）竣工图；

（8）设计有监测要求时，应提供具有法定资质的监测单位提供的锚杆（索）监测报告。

（四）桩基工程

桩基工程应进行桩位、桩长、桩径、配筋数量、桩身质量和单桩承载力的检验，施工单位应提供完整的检验报告。

（五）挡土墙工程

挡土墙基础地基承载力应符合设计要求，施工中应按设计要求制作挡土墙的排水系统、泄水孔、反滤层和结构变形缝。其基本要求如下：

（1）石料或混凝土预制块的强度、规格和质量应符合有关规范和设计要求；

（2）砂浆所用的水泥、砂、水的质量应符合有关规范要求，按规定的配合比施工；

（3）地基承载力必须满足设计要求，基础埋置深度应满足施工规范要求；

（4）砌筑应分层错缝。浆砌时坐浆挤紧，嵌填饱满密实，不得有空洞；干砌时不得松动、叠砌和浮塞；

（5）沉降缝、泄水孔、反滤层的设置位置、质量和数量应符合设计要求。

外观鉴定要求如下：

（1）砌体表面平整，砌缝完好、无开裂现象，勾缝平顺、无脱落现象；

（2）泄水孔坡度向外，无堵塞现象；

（3）沉降缝整齐垂直，上下贯通。

（六）附属工程

1. 排水沟或截水沟

自身强度应符合设计要求，水沟沟底应平整、无反坡、凹凸，边墙应平整、直顺、勾缝密实，沟内无杂物，与排水构筑物衔接顺畅。

2. 绿化

对边坡进行绿化必须确保边坡的稳定和安全，绿化的同时，要考虑对边坡进行防护。边坡绿化以植草为主，应注意后期植物的生长存活。

3. 弃土

施工弃土应按照设计要求运输到指定地点，避免影响杆塔基础附近地质稳定。

二、 边坡工程施工质量检验评定

边坡工程质量检验主要包含边坡支护原材料检验、灌注桩检验、钢筋检验、喷射混凝土护壁厚度和强度检验，最后提交《边坡工程质量检测报告》。

边坡工程质量检测报告应包括以下内容：

（1）工程概况；

（2）检测主要依据；

（3）检测方法与仪器设备型号；

（4）检测点分布图；

（5）检测数据分析；

（6）检测结论。

三、 边坡加固工程竣工验收

边坡加固工程完工后，施工单位自行组织有关人员进行检查评定，并向建设单位提交工程验收报告。建设单位收到边坡加固工程验收报告后，应由总监理工程师（建设单位项目负责人）组织勘察、设计及施工单位的项目负责人、技术质量负责人，按设计、本规范和国家现行标准要求进行边坡加固工程验收。边坡加固工程验收必要条件包括：

（1）应取得边坡加固工程的设计文件，边坡加固工程勘察报告和鉴定报告；

（2）应取得原材料出厂合格证，进场材料复检报告或委托检验报告；

（3）应取得混凝土、砂浆强度检验报告；

（4）应取得边坡工程与周围建筑物位置关系图；

（5）应取得锚杆抗拔试验报告；

（6）应取得隐蔽工程验收记录；

（7）应取得边坡加固工程和周围建筑物监测报告；

（8）应取得设计变更通知、重大问题处理文件和技术洽商记录；

（9）应取得施工记录和竣工图。

参 考 文 献

[1] 黄求顺，张四平，胡岱文. 边坡工程 [M]. 重庆：重庆大学出版社，2003.

[2] 常士骠，等. 工程地质手册. 4 版. 北京：中国建筑工业出版社，2007.

[3] 中国地质调查局. 水文地质手册. 2 版. 北京：地质出版社，2012.

[4] 杨建华，等. 采空区对输电线路塔基影响的安全评价及应急处理 [J]. 辽宁工程技术大学学报（自然科学版）第 31 卷第 4 期，2012，6.

[5] 郑颖人，等. 边坡与滑坡工程治理. 北京：人民交通出版社，2007.

[6] 苏兆锋，陈昌彦，张辉，等. 综合物探方法在复杂高边坡地质勘察中的应用效果探讨 [J]. 工程地球物理学报，2011，8（6）：681-686.

[7] 赵小平，闫丽丽，刘文龙. 三维激光扫描技术边坡监测研究. 测绘科学 [J]，2010，35：25-27.

[8] 赵蕾. 滑坡勘察方法的组合优选 [J]. 交通科技，2014（4）：87-90.

[9] 张旻舳，师学明. 电磁波层析成像技术进展 [J]. 工程地球物理学报，2009，6（4）：418-425.